天文の世界史

廣瀬 匠
Hirose Sho

インターナショナル新書 017

目次

はじめに　7

第一章　太陽、月、地球――神話と現実が交差する世界　13

もっとも強く意識されてきた天体／太陽を読む装置／クリスマスの起源は太陽の誕生日？／畏れられ恐れられる太陽／燃えさかる太陽の「黒幕」／太陽の中の人などいない／太陽のエネルギー源／今、太陽の外側が熱い／日食で大騒ぎ／惑星になった生首／命取りの予報漏れ、ゴマすりで何とかなる誤報／太陽と月、どっちが近い？／紀元前の地動説／スーパームーンはあんまりスーパーじゃない／月は五円玉の穴より小さい／あり得ないことの代名詞／月の満ち欠けが一ヶ月／天文システムエンジニアの悲哀／精密なら良い、とは限らない／暦改革 VS. 宗教改革／明治改暦の裏事情／争いを避けるための太陰暦／新月――観測か、計算か／月と罰／直進と回転の境界／望遠鏡が世界を変えた／月の中の人など、やっぱりいない／月を楽しみ、月で悲しみ／時差一時間の距離／アップデートを放置して八二三年間／西洋にヒントを得た国産カレンダー／月はときに「地球」をも映す／地球の大きさを棒で測る／数にとらわれず、グローバルな視点で／それでも地球は回っていない／「地球を測る」から「地球で測る」へ／地球の回転よりも精度が高い時計／月下界を越えて神話の世界へ

第二章

惑星――転回する太陽系の姿

惑星は全部で何個？／見慣れない順番の背景にあるもの／水星――二つの顔を持つ星／金星――太陽と月に次ぐ明星／マヤの「金星暦」／「二〇一二年世界滅亡」の嘘／火星――人々を惑わす炎／木星――夜空の王様／十二支の巡りと木星の巡り／土星――ゆっくりと歴史を刻む星／ホロスコープ占いの誕生／惑星の動きを丸く収めるには／いつもより余計に回っております／もっとも偉大な「数学」の本／七つの曜日も天文学の産物／曜日の順番はこうして決まった／チューズデーとマーズの関係／ホロスコープ占いを説くお経／陰陽師VS.仏教系占星術師／地動説が必要だった理由／地球――太陽系の第三惑星／衛星――「中心」は複数あった！／天王星――ついに広がった太陽系／ケレス――天才数学者が拾い直した小惑星第一号／海王星――計算で予測された星／冥王星――老人の夢と若者の根性／機械仕掛けの開拓者と航海者／1992 QB1――デジタル時代の新地平／エリス――不和と争いをもたらした「第一〇惑星」／二一世紀の太陽系再編

第三章 星座と恒星――星を見上げて想うこと　111

昔の人は星を避けた？／恒星の運動は二種類／動かない星／ナイルの恵みを知らせる星／三六時間から二四時間へ／イラクで生まれた星座たち／「星座」と切り離された星占い／交代する北極星／「十三星座占い」は必要？／星座と言えばギリシア神話なのはなぜ？／太陽がいっぱい／イスラム風のオリオン座／星の名前はアラビア語から／東洋で大変身した一二宮／愛妻を訪ねる月の旅／祇園祭に潜む星座／中国星座は天上の国家／星に導かれて旅する人々／近代の新星座ブーム／兄より明るい弟／恒星も動いていた／赤い星と青い星、熱いのはどっち？／星座にあるのは境界だけ／星座の飛び地問題／星の名前は買えません／「惑星」のおかげで「恒星」に名がついた？／第二の地球を探して

第四章 流星、彗星、そして超新星――イレギュラーな天体たち　149

「通常」と「異常」の天文学／天からのメッセージを読み解く／彗星はほどほどに珍しい／支配者が恐れる天体／星に願いをかけるのも楽じゃない／怖い流星、ゆるーい流星／昼間も輝く客星／天球を壊した天体／肉眼観測の限界／ケプラーからハレーへ、彗星は巡る／彗星観測の邪魔者たちが人気の天体に／彗星衝突の脅威と対策／彗星パニックは繰

り返す／「世界が火事だ」／彗星は流星の母／彗星は生命の母でもある？／超新星は恒星の引退／私たちは星の爆発で生まれた存在？／歴史と今とをつなぐ超新星残骸／宇宙を測るものさし

第五章　天の川、星雲星団、銀河——宇宙の地図を描く

星以外の天体を見つめる／織女と牽牛を隔てる天の川／なぜ梅雨時に星祭り？／天文学的超遠距離恋愛／白い乳の流れる道／南半球の天の川／天の川の正体は雲？　それとも星？／雲状の星はカニの泡？　死体のガス？／星はすばる／「本当の星雲」を見つけるのは難しい／天の川も星の集まりだった！／ニュートンの無限宇宙説／どうして夜空は暗いのか／太陽系から銀河系へ／星雲星団の名前にMやNGCが多いワケ／星雲と恒星の循環／疑惑が渦巻く星雲の光／銀河のほとりを走る鉄道の旅／天の川を測るものさし／宇宙の大きさと銀河を巡る「大論争」／天の川を越えて銀河の世界へ／「己を知る」のが一番難しい／見えざる九割の暗黒物質／銀河のもう一段階上にある存在／宇宙を知るには銀河をたどれ！

第六章　時空を超える宇宙観　215
空間と時間／人間が宇宙となる／神話から哲学へ——しかし神は残った／天体の計算と宇宙の構造は別問題／ヒンドゥー教と天文学の奇妙な関係／ニュートンも神に任せた問題／イギリスとヨーロッパ大陸の近代的宇宙観／地面の下から出てきた証拠／エーテルの終焉／二つの相対性理論／宇宙は広がっていた！／宇宙は「大爆発」で始まった／宇宙の年齢、そしてその運命に迫る／加速する宇宙の歴史

終章　「天文学」と「歴史」　235
歴史を振り返ることで天文学が始まる／歴史のとらえ方で変わる宇宙観／インドを侵略した王とインドを愛した宮廷占星術師／残された歴史と破壊された歴史／植民地と天文学／厄介な「起源」の問題／実在しなかった「インドの宇宙観」／「天文学の歴史」を疑うことこそ理解への第一歩／火星人のように異質な日本人？／一つの世界と多様な歴史

謝辞　248

参考文献　249

はじめに

現代における天文学の進歩は目覚ましいものがあります。今や地上に建設した巨大望遠鏡や宇宙望遠鏡を使って一〇〇億光年以上離れた銀河も観測でき、比較的身近な宇宙である太陽系の天体には直接探査機を送り込めるようになりました。人類の宇宙に関する知識は昔に比べて格段に深まったように思えます。

しかし、私たち一人一人は本当に宇宙のことを分かっていると言えるのでしょうか？　天文学という学問の対象は多岐にわたっていて、その全容を把握することは当の天文学者にとっても困難です。また専門用語や数字がやたらと出てくるため敬遠してしまうという人も多いかもしれません。おまけに、せっかく覚えた知識もあっという間に塗り替えられていきます。

宇宙の年齢、つまり宇宙がビッグバンとともに誕生してから現在までの時間という数字一つをとっても、二〇世紀末の時点では専門家たちの間でも「一〇〇億年」から「二〇〇億年以上」までと意見が分かれていたのですが、二〇〇三年に「一三七億年前後」という画期的な観測結果が登場しました。さらに二〇一三年にはもっと正確な値として「約一三八億年」という数字が発表されています。

そんなふうに今日ですら天文学の教科書がどんどん書き替えられている中で、この本で何百年も前の天文について知ることに、一体どんな意味があるのでしょうか。

私は、天文の「問い」を知ることに大きな意義があると考えます。どんな学問であれ、私たちはその「答え」を知りたがる傾向がありますが、本当にその分野を理解しようとするなら、まずは研究者たちが何に答えようとしているのか、その「問い」を理解しなければなりません。天文学には昔から変わらない疑問もあれば、大きく変化した疑問、もはや問われなくなった疑問もあります。その変遷をたどっていくことで、現代の天文学がどんな方向に向かおうとしているのかが見えてくることでしょう。ですから、「星や宇宙に興味はあるけど、天文学は何だか難しそう」という人にこそ本書を手に取っていただきたいと思います。

歴史が好きな人も本書をお楽しみいただけるはずです。世界中で、天文は常に政治・文化・宗教と深く関わってきました。天文という視点を通じて、様々な時代や地域の人々について理解を深める上で本書が一助になればと考えています。結果として天文学そのものにも興味を持っていただければ幸いです。

今も昔も「天文」にはあまりにも多くのことが含まれているので、教科書のように全ての事柄を時系列に並べると、たどっていくのが難しくなってしまうおそれがあります。そこで本書では天体の種類によって章を区切ることにしました。天体ごとに「天文」の異なる様相が見えて、天文における「問い」の変遷もはっきりしてくることでしょう。順番どおりに読まなくてもいいような構成になっているので、ぜひ気になるところから読み進めてください。

最初に第一章で取り上げるのは太陽と月、そして地球です。空の中で圧倒的に目立つ天体である太陽と月は、暦の基準となるなど人間の生活に深く関わってきました。一方、空に対する「地」の存在は昔から意識されていましたが、やがてこれが宇宙に浮かぶ「地球」であること、さらには太陽の周りを回る惑星であることが判明します。

第二章では惑星を中心とした太陽系の天体を取り上げます。肉眼で見える火星・水星・木星・金星・土星の五惑星は昔から存在を知られていて、主に占いのために使われていました。実はこれに日・月を加えると七つの曜日になるのですが、その成立と普及には様々な文化圏の交流が関わっています。近現代では技術の発展と歩調を揃えるように次々と新しい惑星や衛星などが見つかりました。

夜空の中での惑星の位置を知るためには目印が必要です。そのために使われたのが第三章のテーマである星座、およびそれを形作る恒星です。現在使われている星座は、メソポタミアで生まれギリシアに伝わったものがもとになっていますが、この他にも世界各地には様々な星座が存在しました。

惑星や恒星は基本的にいつ、どこに見えるかを計算できますが、第四章では打って変わって不意打ちのように出現する天体を取り上げます。ここでの主役は流星、彗星《すいせい》、新星などです。これらの天体は出現が予測できないこともあって忌み嫌われがちでしたが、やがて天文学を発展させるきっかけにもなりました。現代でも、彗星は太陽系の起源を、超新星は宇宙のスケールをそれぞれ知るための鍵を握る重要な存在です。

第五章は視点をさらに広げ、夜空に見えている恒星を全て含む世界、「銀河」の話題です。古代から知られていた天の川ですが、近代の天文学者がそこへ望遠鏡を向けると無数の星々の集まりが見えました。やがて私たちは「銀河系」という円盤状に恒星が集まった世界にいることが定説となり、二〇世紀になってからは銀河系以外にもたくさんの銀河が宇宙に散りばめられていることが分かってきています。

そしていよいよ宇宙全体をテーマとするのが第六章です。宇宙はどんな形をしていて、いつ誕生したのでしょうか。これは人類始まって以来ずっと続いている「問い」とも言えるかもしれませんが、これに真っ向から取り組むことができるようになったのは、案外最近のことなのです。

「天文学」に歴史があるように、「天文学の歴史」そのものにも歴史があります。終章では、昔の人々も過去の天文学について研究していた事実を明らかにしながら、「天文の世界史」を学ぶことにどんな意味があるのかを改めて問い直します。

天体の種類で章を区切った背景には、どの章からでも読める手軽さと分かりやすさを重視したからという理由だけではなく、本書を読んでから空を見上げたときに、その内容を思い出していただきやすいだろうという思惑もあります。何となく眺める星空も美しいですが、天文の知識があればさらに楽しめますし、そこに歴史が加わればいっそう味わい深くなるに違いありません。

それでは、宇宙と人間が織りなした物語へとご案内いたしましょう。

第1章

太陽、月、地球
神話と現実が交差する世界

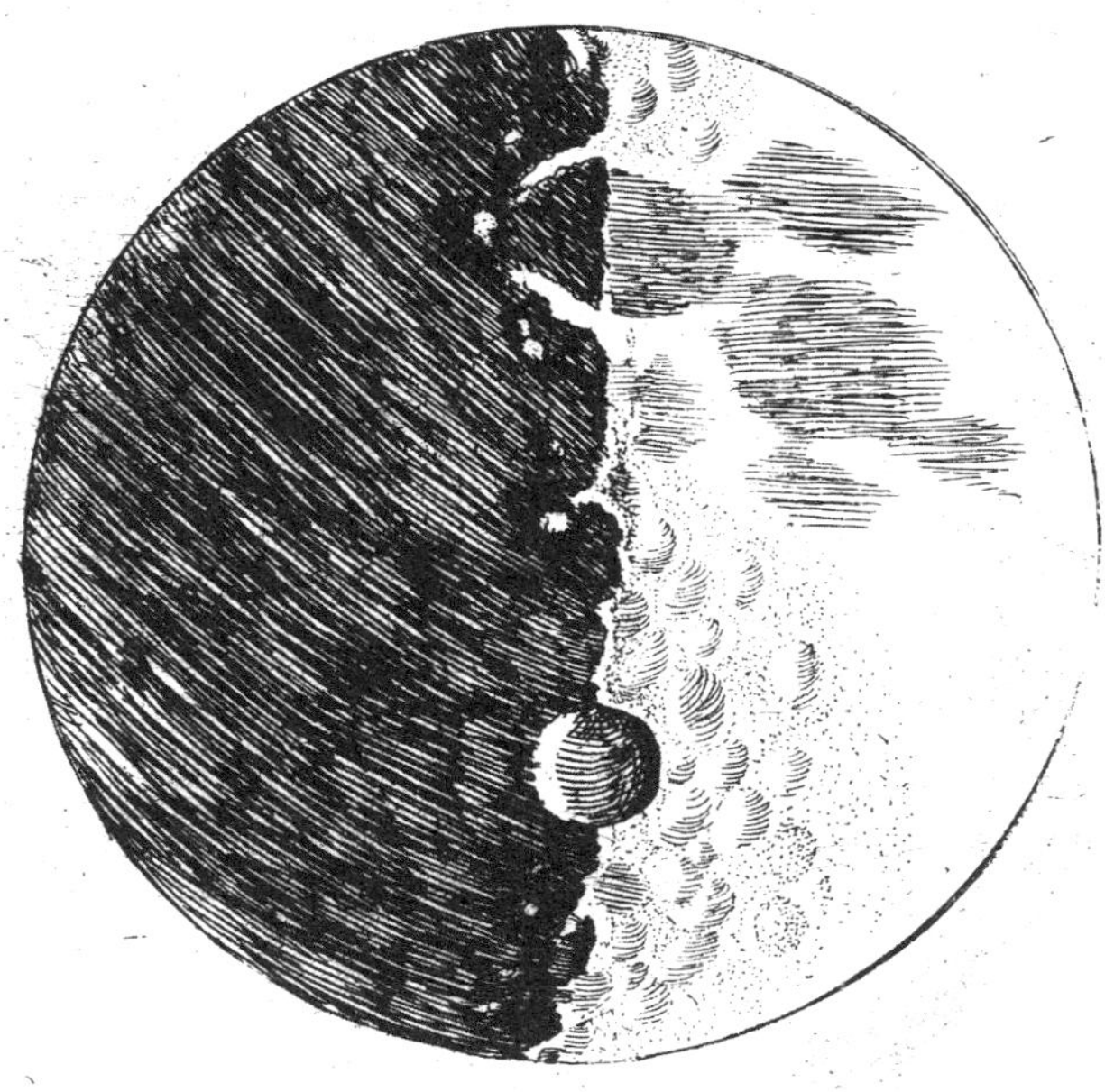

ガリレオの月のスケッチ
(→50ページ)

もっとも強く意識されてきた天体

「これから宇宙と天体の話をします」と言われたら、皆さんはまず暗い夜空を思い浮かべることでしょう。

しかし歴史上、人々がもっとも強く意識してきた天体は、夜には隠れ、昼間に輝く太陽に違いありません。私たちの祖先が狩猟採集によって生き延びていたころは、食料を見つけやすい昼間に活動し、視認性が悪くて危険が多い夜は避ける必要がありました。昼と夜からなる「一日」という単位に太陽が関わっていることは自明です。

もう一つ、気候の変化や動植物の活動を大きく左右する「一年」という周期も重要ですが、こちらも太陽と密接なつながりがあることに古代の人々は気づきました。特に農業が発明されてからは、あらかじめ季節の変化を予測しなければいけません。農作による安定した食料生産は人口増加と都市の形成をもたらしますが、そうして生まれた支配者層の権威づけや安定した社会の運営のためにも時間を把握することが肝心であり、その第一の基準となるのが太陽でした。

日本語では太陽の位置や動きを読む、すなわち「日読《かよ》み」というのが転じて「こよみ」という言葉になったと考えられています。

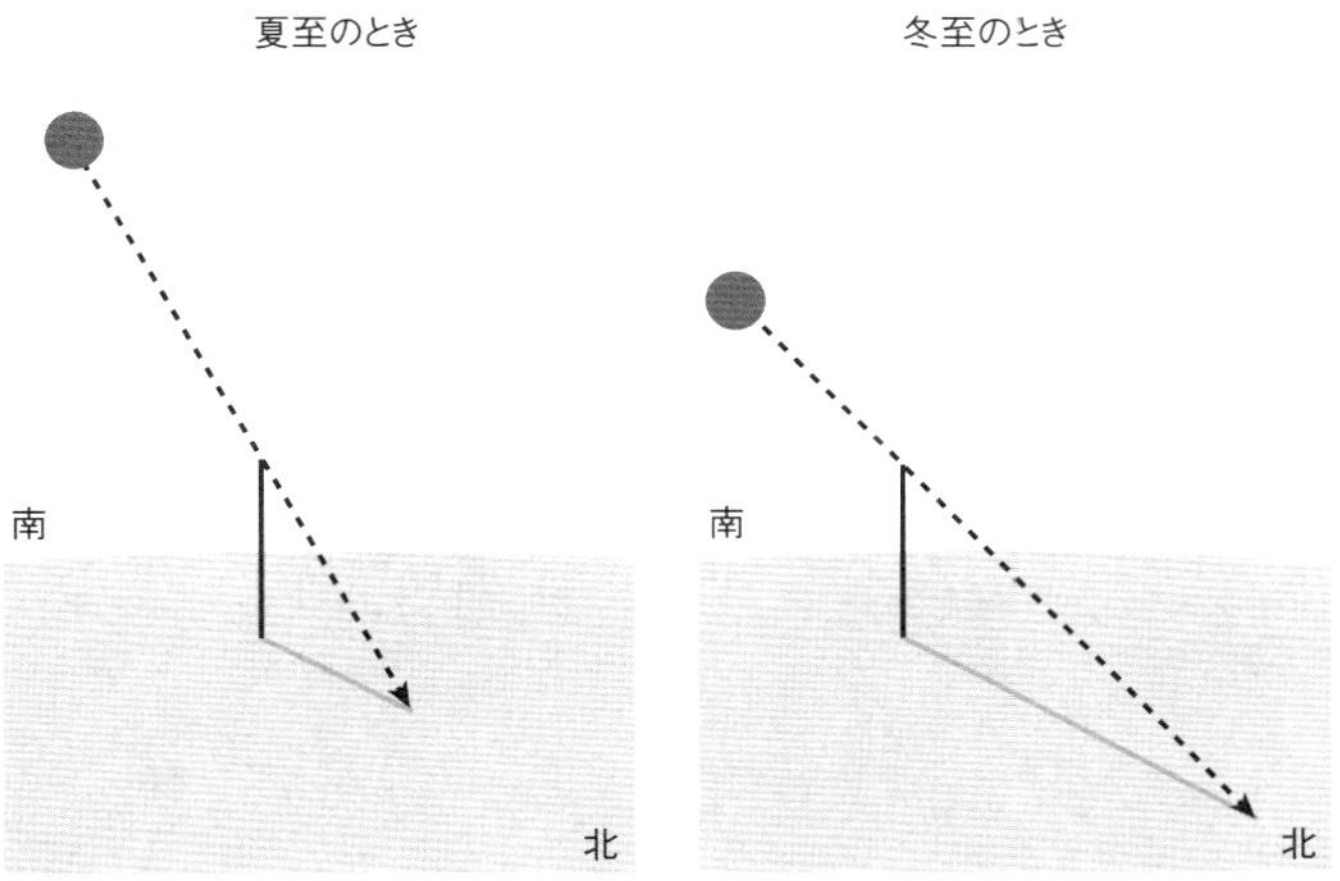

日時計（北半球の場合）

太陽を読む装置

ではどうやって太陽を「読んだ」のでしょうか。もちろん太陽を直接見るのは危険（最悪、失明のおそれがあります）なので工夫が必要です。昔から行われていた方法の一つは影を観察することですが、これは日時計でもおなじみでしょう。

日時計の針の部分だけを指して「グノーモン」と呼ぶことがあり、一日の中で時刻を計るだけでなく、一年という周期を計る上でも活躍してきました。真昼ごろの、太陽が一日で一番高く昇るときのグノーモンの影に注目すると、夏には太陽が特に高いので影は短くなり、冬は低いままなので影も長くなります。これを利用すれば、夏至（影が一番短い）と冬至（影が一番長い）はかなり正確に知ることができます。

現在のイラク一帯で栄えたメソポタミア文明の遺跡からは、一年の間にグノーモンの影の長さがどのように変化するかを表のようにまとめた粘土板が多数出土しています。グノーモンは天文学の歴史でもっとも古い器具の一つなのです。

クリスマスの起源は太陽の誕生日？

古代中国では冬至の瞬間を決定して暦を補正するためにグノーモンが使われています。

インドでは二〇〇〇年以上前からグノーモンを活用し、太陽と影の関係を計算するための数学が発達していましたが、こちらでも冬至は重要でした。夏至から冬至まで、南中するときの太陽の位置がどんどん南に下がっていき、昼の長さも短くなっていく半年間は太陽の「ダクシナ・アヤナ（南への移動）」と呼ばれ、一日の中での夜と同じような存在と見なし、逆に冬至から夏至までは「ウッタラ・アヤナ（北への移動）」と呼んで昼のように明るく縁起の良い半年間と見なしたからです。つまり、一年の中での冬至は、一日の中での夜明けと同じような存在だということになります。

似たような発想は古代のヨーロッパにもあって、光が衰えていく太陽が冬至を境に復活するのだととらえ、これを祝ったのがクリスマスの起源の一つだろうと考えられています。実はキリストの生涯が記された新約聖書にはキリストが生まれた季節に関する記述が一切ありません。

キリストの聖誕祭が「太陽の復活＝太陽の誕生日」として祝われていた冬至祭と合わさることで一二月二五日に収まったという説が有力なのです。

その古代ヨーロッパでは、人々は冬至の日を知るために、太陽が昇る方向を観察したという説があります。地平線付近の太陽は光が弱まって見やすくなる上に、地上の風景を目印に方角を知ることができるので、冬至の太陽が真東から一番南にずれた位置から昇るのを利用するというわけです。

冬至の日の出、日の入りに合わせて石などが配置されたとされる遺構は数多く、イギリスのストーンヘンジはその中でも特に有名なのですが、こうした主張のほとんどは根拠が乏しく、たまたまそこに石があったり置かれたりしただけだと考えた方が自然な場合が多いことも述べておきたいと思います。

畏れられ恐れられる太陽

光と暖かさをもたらす太陽は神話でも重要な存在です。太陽を象徴する女神である日本の天照大神は、日本神話における八百万神《やおよろずのかみ》の中でも中心的な存在で、仏教が日本に伝わってからは全宇宙を象徴する最高位の仏である大日如来と同一視されることもありました。中南米で栄えた文明はいずれも太陽神を大事にしており、その一つであるインカ帝国で信仰されたインテ

アルゼンチンの国旗

ウルグアイの国旗

ィの姿は、アルゼンチンやウルグアイの国旗にも残されています。
　これに対して、太陽の熱による災いを描いた神話も少なくありません。
　ギリシア神話では、太陽は馬車に乗って毎日天空を運ばれていると考えられていましたが、この馬車を操る神がヘリオス、のちにアポロンと同一視される太陽神です。ある日、ヘリオスの息子のパエトンが父に懇願して代わりに馬車を走らせたところ、馬を制御しきれずに暴走させ地上を燃え上がらせてしまい、ゼウスの雷で撃墜されてしまいました。
　この他に、蠟《ろう》で鳥の羽根を固めた翼で空を飛び、太陽に近づきすぎたために蠟が溶けて墜落してしまったイカロスのエピソードも有名ですが、いずれの場合も「太陽に近づくほど暑くなる」という発想に基づいていそうです。これは自明なようで、案外そうでもありません。現実に高い山に登れば空気が薄くなるせいで気温は逆に下がりますし、季節による温度の違いも太陽からの距離とは無関係で、日照時間と太陽光が地面に当たる角度の違いによるものです。ちなみに、一年の中で地球が一番太陽に近づくのは、冬の真っただ中である一月四日前後です。

燃えさかる太陽の「黒幕」

中国の思想書『淮南子《えなんじ》』（紀元前二世紀ごろ成立）に記された神話では、太陽が近づくのではなく、なんと増えることで災いが起きます。それによれば、本来太陽は全部で一〇個存在して一日ごとに交替で空に出ていました。この一〇個という発想は、殷（紀元前一七世紀ごろ～紀元前一一世紀ごろ）の時代から使われていた「旬」＝十日間という単位と関係していると思われます。

ところが、あるとき全ての太陽が空に出たままになって地上が灼熱《しゃくねつ》地獄の様相を呈したため、后羿《こうげい》という弓の名手が九個の太陽を射落として解決したといいます。意思を持っていた一〇個の太陽の正体は、実は一〇羽のカラスでした。

なぜ光り輝く太陽が黒いカラスと結びついたのでしょうか？

太陽の表面には、黒点と呼ばれる暗い部分が存在します。安全に減光したり表面を拡大して見たりする手段がない中でこれを確認するのは至難の業ですが、まれに直径が太陽本体の一割近くに達するような巨大な黒点が出現することがあります。これは地球が数十個も収まってしまうほどのサイズです。そのような大きな黒点を、太陽が地平線付近にあったり薄雲に隠れたりしたときを利用して見つけたと思しき記録が残されています。ただし、実際にはこのような手段で太陽を見るのは非常に危険なので絶対に真似しないでください。

中国神話のカラスが黒点に由来しているかは不明ですが、黒点と太陽の「活発さ」の間には密接な関係があります。黒点の数が増えているときは表面でのフレア（爆発現象）が多くなって太陽風が放出されるなど、太陽の活動が活発になるのです。太陽風は、太陽から宇宙空間に放出される物質のことで、地球に到達すると北極圏と南極圏に流れ込んでオーロラの原因になります。

太陽の中の人などいない

太陽の黒点を安定的に観測できるようになったのは、一七世紀に入って望遠鏡が発明されてからのことです。ドイツ出身のイギリス人天文学者ウィリアム・ハーシェル（一七三八～一八二二）は黒点と太陽の活動、ひいては地球の気候との間に関係があると考えて観測を続けました。彼自身はその研究を実らせることができなかったものの、黒点の数が約一一年の周期で増減していること、さらに長期的に見ると黒点の数が少ない状態が継続することがあり、世界的に平均気温が低かった時期と重なることなどが後に判明しています。ただし、太陽活動と地球の気候との間に因果関係があることを証明する決定的な事実は見つかっていません。

この他にハーシェルは太陽光線の中に人間の目には見えない「赤外線」が含まれていて、これが熱を伝える働きをしているという重要な発見をしました。ところが、この偉大なハーシェルはその一方で、「太陽の表面は熱くても内部は涼しくて住人がいるはずだ」というなかなかの珍説を提唱していたりもします。太陽が輝く仕組みが分かっていなかったので、いくらでも想像する余地があったということでしょうか。

太陽のエネルギー源

一九世紀の後半にはその太陽のエネルギー源が議論の的になりました。仮に太陽が石炭の塊だとしたら数千年で燃え尽きてしまいます。

これに対して高名なイギリスの物理学者ケルヴィン卿（本名ウィリアム・トムソン、一八二四〜一九〇七）は太陽が収縮し続けることでエネルギーを生んでいるという仮説を提唱しました。地球上で高い所から低い所へ物が落下するとき、つまり地球の中心へと近づくときにはエネルギーが解放されます。滝の落差などを利用する水力発電も同じ原理ですが、同じことを太陽でやれば莫大なエネルギーになるだろうというわけです。ところが太陽の質量でこれをやってもせいぜい数千万年しか持ちません。

実を言えば、はるかに大きな規模でこの原理を使って輝く天体が宇宙には存在するので、ケルヴィン卿は全く的外れなことを考えたわけではないのですが、それはまた後のお話です。

地球の歴史が数十億年前まで遡ることは一九世紀の地質学者も知っていました。はっきりした答えが見えたのは、二〇世紀に入った一九〇五年にドイツ出身の理論物理学者アルベルト・アインシュタイン（一八七九～一九五五）が特殊相対性理論を発表したときです。

特殊相対性理論によれば、質量を持った物体を一〇〇パーセントエネルギーに変換できたとすると、そのエネルギーは莫大な量になります。具体的に言えば、一グラムの物質を全てエネルギーに変えると石炭四〇〇〇トンを燃やした場合と同じだけの光と熱を生むことができるのです。

一九三九年、ドイツからアメリカに渡った物理学者ハンス・ベーテ（一九〇六～二〇〇五）が太陽内部で起きている「核融合反応」の理論を解明しました。あらゆる元素の中でもっとも軽い水素が四つ合体してヘリウムになると、融合前の合計よりもわずかに質量が小さくなり、その差の分がエネルギーとして解放されます。この核融合であれば太陽は一〇〇億年以上安定して輝くことが分かって、長年の謎にほぼ終止符が打たれました。ちなみに太陽は約四六億年前に核融合を開始し、あと五〇億年くらいは現在のペースで輝くだろうと考えられています。

今、太陽の外側が熱い

太陽の表面は六〇〇〇℃もの高温ですが、核融合が起きている中心部は一六〇〇万℃という桁違いの熱さです。このエネルギーが内部から表面へと伝わる過程で、お風呂のお湯が動くのと同じような対流が発生して太陽内部をかき回しています。これによって黒点（温度が約四〇〇〇℃と周りより少しだけ低い領域）などの現象が表面に現れていることも分かりました。太陽の中を直接のぞくことはできなくても、コンピューター・シミュレーションなどによってかなり正確に把握できます。

ところが今度は、はるか昔から「見えていた」部分で新たな謎が発生しました。それは太陽を大気のように取り巻くコロナという領域です。その温度は一〇〇万℃以上。……太陽の表面は六〇〇〇℃しかないというのに！「太陽内部は表面よりも涼しい」というハーシェルの主張を思い出させるような不思議な現象ですね。コロナの方が表面より熱い理由をうまく説明する定説はまだ存在しません。

大昔から観測され続けてきた太陽は、今もなお研究者を引きつけるホットな天体なのです。

日食で大騒ぎ

コロナの存在自体はかなり昔から知られていました。太陽本体が明るすぎるため、普通であ

皆既日食とコロナ
（撮影：2017年8月21日　アメリカ、ケンタッキー州）

ければ肉眼で見るのは不可能ですが、月が太陽を完全に覆い隠す「皆既日食」のときだけは、月のシルエットを囲むように広がるコロナの姿をはっきりと見ることができます。もっとも、太陽が隠れて夜同然の状態になるわけですから、皆既日食を目の当たりにした昔の人々は、あたりが暗くなって気温も急に下がり、動物たちが騒がしくなるといった変化の方に気を取られたことでしょう。ある地点で皆既日食が起きる頻度は平均して三〇〇年に一回より少ないので、まさに前代未聞の天変地異です。

　これに対して月が太陽の一部を隠す「部分日食」は同じ場所で数年に一回見られるチャンスがある一方、空が暗くなったりはしないので気づきにくい現象です。それでも日食を目撃した人は、普段とは違う姿になったお日様に度肝を抜かれたかもしれません。

さきほどから何気なく「月が太陽を隠す」と言っていますが、全く天文学の知識がなかったら、昼に太陽を遮っているものと夜に輝く月が同じ天体だと想像するのは難しいと思います。「日食」という言葉を作り出した中国では、かつては、犬が太陽に食らいついていると考え、日食が起きると人々は銅鑼《どら》や太鼓を打ち鳴らしてこの犬を追い払おうとしました。

惑星になった生首

ヒンドゥー教が広まったインドから東南アジアにかけての地域ではラーフという化け物が日食の原因だと考えられていました。次のような神話があります。

神々が不老不死の薬を作って皆で分け合っていたとき、一人の魔族が神に化けて薬を盗み飲もうとしました。ところが太陽の神と月の神がこれに気づき、上位神のヴィシュヌに報告します。魔族は薬を飲み込む直前に首をはねられてしまい、企みは失敗しましたが、不老不死の薬を口に含んでいたために首だけは生き残りました。そして悪魔ラーフとなり、時々太陽と月に復讐《ふくしゅう》するべく食らいつくのですが、首から下がないため、「日食」や「月食」は起きてもすぐに元どおりになるのだそうです。

もっともインドの天文学者たちは、遅くとも五世紀には日食の原因が月だということを知っていました。しかし彼らはラーフの存在を否定するどころか、天文計算に役立てるために仮想

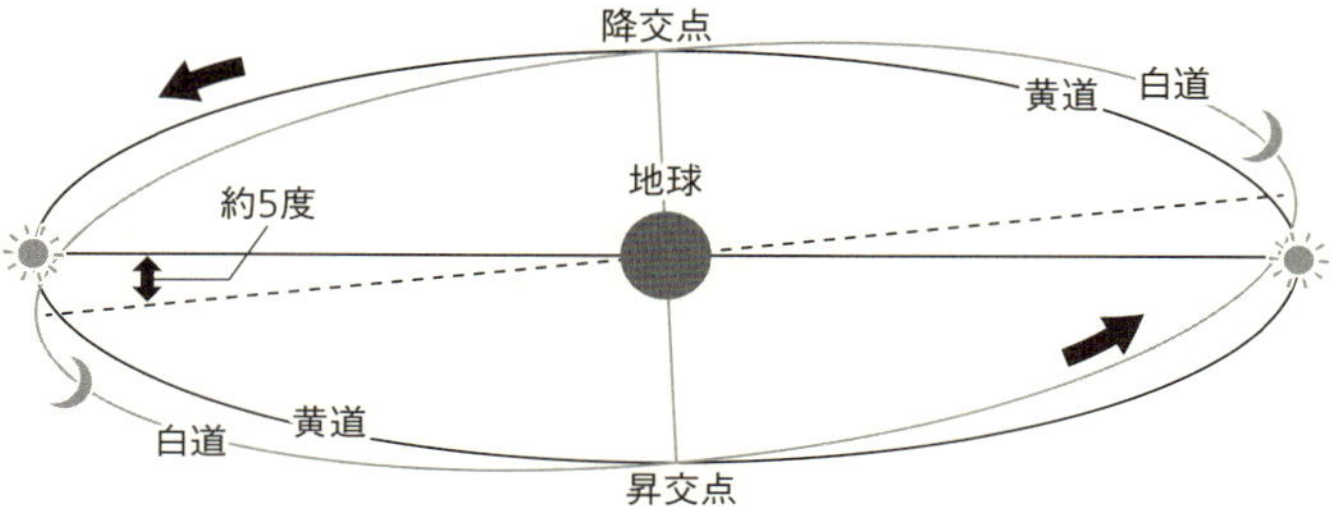

黄道と白道

の「惑星」として有効活用したのです。彼らの理論を理解するために、ここで日食の仕組みについて考えてみましょう。

地球を固定して考えると、あらゆる天体は地球の周りを東から西へと回っています。話を簡単にするために、この一日ごとの回転も止めてしまいましょう。すると、太陽が黄道《こうどう》と呼ばれる円の上を一年かけて一周するのが見えます。昼の太陽の高さが変化して季節の違いが生じるのも、黄道上を太陽が動くのが原因です。一方、月は黄道とほぼ同じところを通る白道《はくどう》という円の上を、もっと速いペースで回っています。およそ三〇日弱ごとに月が太陽を追い越すのですが、仮に黄道と白道が完全に一致していたら、毎回月が太陽と重なって日食になるでしょう。そうならないのは、白道が黄道に対して五度くらい傾いているからです。普段、月は白道に沿って太陽の上か下を通り過ぎるものの、黄道と白道が交わる点、すなわち交点の近くで月が太陽を追い越せば、日食が起きると予想できます。

さて、黄道は宇宙空間に固定されていると考えてよいのですが、白道は少しずつ動いてしまうため話がややこしくなります。しかし交点の動きだけに注目すれば、日食の計算をするには事足りるでしょう。そんなわけで、インド天文学ではこの交点を一種の惑星と見なし、「ラーフ」と名づけたのです。

ところで、二つの円を重ねたら交点は二つできるはずです。そこで頭のラーフの反対側にあるもう一つの交点はしっぽのケートゥと呼ぶことになりました。ケートゥには「光芒」という意味があり、尾を伸ばして輝く天体である彗星（↓第四章 152ページ）を指すこともありました。元々が首と胴体を切り離された魔族なのに、胴体の側が尾だけというのも不思議ですね。ペルシア（現在のイラン）では巨大な竜の頭としっぽが日食を引き起こすという考え方があったようですが、ラーフとケートゥの起源はこの竜とも関連しているのかもしれません。交点と竜を関連づける思想は西のヨーロッパにも伝わっていて、今でも月が一つの交点を通過してから同じ交点に帰ってくるまでの周期（交点月）を英語では Draconic month（ドラゴンの一ヶ月）と呼びます。

命取りの予報漏れ、ゴマすりで何とかなる誤報

ユーラシア大陸の東側に目を向けると、ラーフとケートゥは密教の経典にも取り込まれ、羅《ら》睺《ごう》と計都《けいと》と名を変えて、八世紀以降に中国や日本にも伝わっています。もっとも中国ではすで

に日食の理論が十分に発達していたので、羅睺と計都の出番はほとんどありませんでした。

中国で皇帝を中心とした政治体制が発達すると、日食という異変は単に犬が太陽をかじっているのではなく、天が皇帝の統治に対して「このままでは良くない」と警告を発しているのだと解釈するようになりました。そして、日食が起きると皇帝は宮殿の中で慎み深く静かに時が過ぎるのを待つのでした。帝だけでなく家臣たちも日食当日は祭式を取りやめたり、臨時の儀礼を実施したり、ときには「天の意向」にかなうように人事異動があったりと大忙しですが、一番大変なのはその日を予測しなければならない天文学者です。予定外の日食が起きようものなら朝廷は大混乱、それこそ天文学者の首が飛ぶことにもなりかねません。

そこで天文の担当者たちがとった作戦は「多めに日食を予報しておく」というものです。おかげで中国の記録には、現代の天文学で計算すると起きたはずがない「日食」がたくさん登場します。これはこれで間違った予報なのに、とがめられることはなかったのでしょうか？　大丈夫、そのときは「皇帝の徳が優れているので日食はキャンセルされました」と言っておけば、怒られないどころか逆に喜ばれることすらあったようです。

太陽と月、どっちが近い？

最初は人々を驚かせた日食も、仕組みが分かって予報もできるようになると恐ろしさは薄れ、天文学者によって積極的に活用されるようになります。日食から読み取られたのは皇帝の政治手腕だけではありません。科学的に大事なのは、観測する場所によって日食の見え方が全く違うという事実です。

電車の窓から外の景色を見ると、山などのように遠くにあるものはほとんど動かないのに手前の建物はどんどん動いていきます。これと同じように、地球上で場所を移動すると遠くにある太陽よりも近くにある月の方が大きくずれるため、ある地点で太陽と月がぴったり重なる皆既日食になっても、少し離れた場所では太陽の一部しか隠れない部分日食になり、大きく離れると日食自体が発生しません。逆に日食のこうした性質に気づけば、太陽よりも月の方が近くにあることが分かるのです。

月の方が太陽よりも近くにあるというのは自明なようで、そうではありません。太陽と月は地球から見てほぼ同じ大きさなので、直感的には両者が似たもの同士に思えてしまうからです。実際二〇〇〇年以上前のインドでは、太陽と月はほとんど同じ大きさで地上から同じ距離だけ離れたところを回っているという説がありました。これは仏教にも取り入れられ、中国や日本でも普及した考えです。他にも、太陽の方が月より地上に近いという説さえありました。一体日食はどう説明するのか、といえば、そこでラーフが活躍するわけですね。

紀元前の地動説

古代ギリシアでは、神話の世界はおいておくとして、宇宙の形について思索する哲学者たちにとっては月が近くにあるのは常識だったようです。そこからさらに一歩進んで、「月と比べて太陽はどれくらい遠いのか」と考えたのがアリスタルコス（紀元前三一〇ごろ～紀元前二三〇ごろ）です。

月は太陽の光を反射して輝き、地球から見て照らされている部分が変化するので満ち欠けが発生する、というのもギリシアではすでに知られている事実でした。満月のときは月が地球を挟んで太陽の反対側にあるので全体に光が当たっていて、逆に新月のときは太陽と地球の間に月があるので光っている面が見えません（このときに太陽と新月がぴったり重なれば日食になるわけです）。では月の半分だけが輝く半月の場合はどうでしょうか。月は地球の真横にあるはず……と思いがちですが、それは太陽が無限の距離にあった場合の話です。地球と月が離れている分、月に当たる太陽光線は地球に届く光線に対して少し傾いています。ですから完全な半月のときには、月は真横よりも少し太陽寄りのところにあります。地球から観測すれば、太陽と月を隔てる角度は九〇度より少し小さいことになり、逆にこの角度を測れば、太陽が月に対してどれだけ離れたところにあるかが分かるのです。

アリスタルコスはこの原理をもとにして、「太陽は月よりも二〇倍遠いところにある」と計算しました。ということは、両者は地球から同じ大きさに見えるのですから、太陽が月の二〇倍大きいということになります。一方、彼は地球の大きさが月の約三倍であると見積もっていました。彼の観測方法では大きな誤差が出てしまうため、太陽の直径は月の約四〇〇倍で地球は月の約四倍という現実の値からはかけ離れているのですが、明らかに太陽の方が地球よりも大きいという事実には正しくたどり着いていたことになります。そして彼が下した結論は、「大きな太陽が小さな地球の周りを回っているはずがない、むしろ地球が太陽の周りを回っているはずだ」というものでした。そう、古代ギリシアにはすでに地動説が存在したのです。

スーパームーンはあんまりスーパーじゃない

ところで、電車の窓から見て一見止まっている遠くの山もよく見ればわずかに動いているのと同じように、地球が太陽の周りを回っているならあらゆる星はそれに合わせて動いて見えるはずです。しかし昔の観測技術では到底その動きをとらえることはできませんでした。従って「地球は止まっている」というのが観測から導き出される「事実」であり、「大きな太陽が小さな地球の周りを回るはずがない」という直感に勝ったのです。アリスタルコスの地動説は支持を得られず、古代ギリシアでは地球中心の宇宙観が発展しました。

数世紀にわたるギリシア天文学の理論をまとめあげたプトレマイオス（一〇〇ごろ〜一六五ご

ろ）は、月までの距離は平均して地球の半径の五九倍だと計算しました。つまり地球と月の間には、地球が約三〇個収まるということになりますが、これは現在知られている値とあまり変わりません。また月の軌道がきれいな正円ではなく、地球までの距離が多少変化するということも正しく述べています。ただ問題なのは、彼の理論に従うと、月が遠くにあるときと近くにあるときとで距離が二倍も違うことです。実際には一番遠いときは一番近いときに比べて距離が一四パーセント大きくなるにすぎません。

月の満ち欠けの周期と距離の変化の周期はずれているので、同じ満月でも地球への距離はまちまちです。そこでプトレマイオスが正しければ、一番大きな満月は一番小さな満月の二倍大きいことになりますが、現実にはせいぜい直径が一四パーセント大きくなるだけです。普段より大きな満月を俗に「スーパームーン」といいますが、その違いが本当に分かる人はまずいません。写真を見比べて初めて分かるレベルなのです。

月は五円玉の穴より小さい

「月が普段より大きく見えたことがある」という方は、そのとき月がどこにあったか思い出してください。十中八九、地平線の近くではないでしょうか。月が昇った直後や沈む間際に大きく見えることは古代から知られており、今から一〇〇〇年も前に、イラクで生まれエジプトで活躍した学者のイブン・アル＝ハイサム（九六五～一〇四〇）が観測と光学の理論をもとに「月そのものが大きくなっているのでも、大気の影響で像が歪《ゆが》んでいるのでもない」と結論を下しています。月が低い位置にあると、私たちは無意識のうちに地上の風景と見比べてしまうためにその姿が大きく見えるのです。

気になる方は五円玉を月に向けてみましょう。腕を一杯に伸ばしても、五円玉の穴の中に月がすっぽり収まるはずです。これを利用すれば、月はいつ見ても、どの方向にあっても、満ち欠けを別とすれば大体同じ大きさだと確認できるでしょう。

仮にプトレマイオスが正しくて月の大きさが最大で二倍になるのだとしたら、もっと昔から「大きな満月」を指す言葉が生まれていたのではないかと思います。しかし「スーパームーン」は二〇一〇年ごろから使われ始めた本当に新しい言葉なのです。もちろん、正式に天文学で使われている用語ではありませんし、誰もが認める定義があるわけでもありません。

あり得ないことの代名詞

最近になって非公式に広まった言葉といえば、「ブルームーン」というのもあります。これは一ヶ月に満月が二回起きることを指します。英語には"once in a blue moon"という「まずあり得ない」の意味で使われる慣用句があるのですが、元々は空気中の塵《ちり》の影響でごくまれに月が青く見えることに由来しているという説があります。また一九世紀にアメリカ東部で農民が使っていた暦の中に「ブルームーン」という言葉が登場します。その定義は少し複雑で語源も不明なのですが、少なくとも青い月とは全く関係ないようです。この農業暦がアメリカの天文雑誌『スカイ&テレスコープ』一九四六年三月号で紹介されたときに、記者が誤解して「一ヶ月に満月が二回起きたときの二度目の満月がブルームーン」と書いたことから現在の定義が生まれました。

そんなわけで、ブルームーンという言葉自体がひょうたんから出た駒のような存在なのですが、実際に一ヶ月に満月が二回起きることはどれくらいあるのでしょうか？　月の満ち欠けはおよそ二九日半の周期ですから、もし二月以外の月で一日が満月になれば、三〇日も満月になって二度満月が起きることになります。大ざっぱに言って約三〇ヶ月（二〜三年）に一度なので、これを「珍しい」と呼ぶかどうかは人によりそうですね。

月を使った慣用句と言えば、日本の江戸時代には「絶対にあり得ないこと」を「晦日《みそか》の月」と呼ぶことがありました。「晦日」というのは「三十日《みそか》」から来ていますが、一年の最後の日を「大晦日」と呼ぶように、一ヶ月の最後の日を指します。現代では月末に月が見えても不思議ではありませんし、ブルームーンのときに至っては晦日に満月になることだってあり得ますが、どうして「晦日の月」はあり得なかったのでしょうか。

月の満ち欠けが一ヶ月

そもそも私たちが使っている「一ヶ月」という単位は、本来は天体の月と深く関係していました。太陽の動きで決まる「一日」と「一年」という単位はとても便利ですが、一年は一日の三六五倍以上の長さで、把握するのが大変なため、ちょうど中間くらいの二九日半で満ち欠けする月の周期が重宝されたのです。現代の私たちが使っているカレンダーのように月を無視して太陽の動きだけで決まる暦を「太陽暦」、月の満ち欠けも考慮する暦を「太陰太陽暦」と呼びますが、世界各地で古くから使われていたカレンダーはほぼ例外なく太陰太陽暦です。

日本でも明治五（一八七二）年までは太陰太陽暦を使っていて、新月が一ヶ月の始まりでした。毎月三日になると細い月が見えることから「三日月」という言葉が生まれ、まん丸に満ちた月を見るのは「十五夜」です。月末はほぼ新月に近いので、見ようと思っても月は見えません。ですから、晦日の月はあり得ないものなのです。ただし世の中は広いもので、インドには月が満ちたときをもって一ヶ月の終わりとする暦も存在します。これに従えば晦日には月が見えるどころか一晩中満月が輝いているということになりますね。

なお、天文学史で「暦」や「カレンダー」という言葉が出てきたときには注意が必要です。特に「カレンダー」と聞くと月めくりや日めくりなどの日々使っているものを思い浮かべがちですが、これらは暦やカレンダーという概念の末端に過ぎません。本書では、年・月・日などの区切り方を定めたルールという意味でこれらの単語を使っています。たとえて言うなら、「○○暦」などのように呼ばれるソフトウェアがあって、そこに適当な期間を入力すると「二〇一五年のカレンダー」といった具合に普段私たちが使っているものが出力される、というわけです。

天文システムエンジニアの悲哀

そうして考えると、「太陰太陽暦」というソフトウェアはおそろしく複雑です。月の満ち欠けの周期は平均二九・五三日と中途半端である上に、サイクルごとに微妙に延びたり縮んだりするため、毎月日数を調整する必要があります。さらに、太陽暦の一年は約三六五日ですが、月が一二回満ち欠けを繰り返したときの日数は三五四日ほどですから、およそ一一日足りません。そのため、時折「閏月《うるうづき》」と呼ばれる余分な一ヶ月を挿入する必要が出てきます。

殷の時代、占いなどのために動物の骨に刻まれた甲骨文字を読み取ると、よく「十三月」という言葉が出てきます。つまり中国では三〇〇〇年以上前から太陰太陽暦を使っていて、年末に閏月を置くことによって暦を調整していたのです。のちに太陽と月の動きがより正確に計算できるようになると、一律に年末に閏月を置くのではなく、季節と暦のズレが大きくなるタイミングを計算して挿入するようになりました。一方で閏月は余計なもの、縁起が悪いものとされ、凶事を回避するために王が門の中に籠もったことから「閏」という漢字が作られたと言われています。そんなこともあって、中国において暦は政《まつりごと》の根幹に関わりましたし、暦が正確であることは時間をしっかり管理できていることを意味し、支配者の威信にもつながることから、積極的に改暦（カレンダーの計算方法や使われる定数の修正）が行われました。

皇帝のもとで行われた改暦としては、前漢（紀元前二〇二〜紀元後八）の武帝の時代に採用された太初暦（紀元前一〇四）を皮切りに、清（一六一六〜一九一二）の時代に時憲暦《じけんれき》（一六四四）が発布されるまで実に四〇回以上も記録が残っています。改暦の中には、まさにソフトウェアのアップデートのようにバグ（計算の誤り）を取り除いたり、新しい機能（日食の予報など）を追加したりするものもありましたが、単に王朝や皇帝が替わったことをアピールするための改暦もありました。そしてメンツのためだけに行ったアップデートが新しいバグを含んでいたり前のバージョンに戻っていたりするのもよくあることで、暦の制定に関わった天文学者たちの苦労は、上司に振り回される現代のシステムエンジニアに通じるものがあるかもしれません。自分の暦システムを採用してもらうために、同業者や同僚と争うことがあったことも付け加えておきましょう。

精密なら良い、とは限らない

古代エジプトでも元々は太陰太陽暦を使っていたと考えられています。しかし今から四〇〇〇年くらい前に、月の満ち欠けを無視した暦を採用するという思い切った決断が下されました。祭式などのために太陰太陽暦は残しつつも、歴代エジプト王朝が公式に使った市民暦は一ヶ月を三〇日、一年を一二ヶ月に五日を加えた三六五日とする「ほぼ」太陽暦です。「ほぼ」というのは、太陽のサイクルは厳密には三六五・二四二二……日なので一年を三六五日に固定してしまうとおよそ四分の一日分のずれが毎年蓄積してしまうからです。エジプト文明は数千年の歴史があるので、こんな暦を使っていたら実際の季節と日付がずれていくことは嫌でも分かったはずですが、それでも頑《かたく》なに三六五日という分かりやすい周期を守ることが優先されました。そして季節と切り離すことができない農作業については、天体観測を利用した別の工夫で対応したのです（↓第三章　116ページ）。

このエジプト市民暦はヘレニズム期のプトレマイオス朝（紀元前三〇四ごろ〜紀元前三〇）になっても使われ続けていました。その末期、女王クレオパトラ（紀元前六九〜紀元前三〇）の時代にローマの将軍ユリウス・カエサル（紀元前一〇〇〜紀元前四四）が進駐してきます。このときカエサルがクレオパトラの美貌《びぼう》に魅了されたというエピソードは有名ですが、エジプト市民暦もまた彼の目にとまったようです。当時のローマではやはり太陰太陽暦を使っていましたが、誰がいつ閏月を入れるかという問題は政争のタネになって、暦の運用は混乱を極めていました。本国に戻ったカエサルは紀元前四六年、カレンダーから政治家の恣意的な判断が入り込む要素をばっさり切り捨て、一年を三六五日とした上で、季節とのずれを防ぐために四年ごとに三六六日の閏年を入れる、のちに「ユリウス暦」と呼ばれる制度を導入します。

ユリウス暦は平均して一年を三六五・二五日として扱っているので、正確な値である三六五・二四二二……日からはわずかにずれています。このことは当時の天文学者たちも知っていたはずなのですが、カエサルが定めた制度で考慮されることはありませんでした。全く気づかなかったのか、あえて無視したのかは分かりませんが、複雑になりすぎた暦を整理する目的からすれば間違った判断とも言えません。何百年も使い続けなければ目立ったずれは生じないのですから……。

暦改革VS.宗教改革

しかしユリウス暦は実に一六〇〇年もの間、ヨーロッパで使われ続けました。その間、カエサルが礎を築いたローマ帝国（紀元前二七〜紀元後三九五）は栄え、衰退し、三九五年に東西に分裂しました。帝国で広まった新興宗教のキリスト教は最初は迫害され、やがて国教となり、ローマは教皇が率いるカトリックの本拠地となりました。東では分裂したローマ帝国の片割れビザンツ帝国（三九五〜一四五三）がオスマン帝国に滅ぼされ、西ヨーロッパでは教皇を中心としたカトリックの権威を否定するプロテスタントたちの宗教改革が一五一七年から進んでいた、そのころ、ユリウス暦は現実の季節から約一〇日間ずれていました。

暦のずれは、キリスト教徒にとって重大な問題でした。重要な宗教行事である「復活祭」は、春分の日が過ぎてから最初の満月の次に来る日曜日に祝うこととなっています。しかし、過去にキリスト教の公会議で「春分の日を三月二一日と定める」という決議がなされた経緯があるので、春分の日とそれに伴う復活祭は現実の天文現象と合いません。日付の方をずらそうとすると、他の祭日とバッティングするという問題もありました。

そこで、一五八二年に当時の教皇グレゴリウス一三世の名のもとで新しい「グレゴリオ暦」が実施されました。その要点は春分の日が三月二一日前後になるよう日付をずらした上で、本来西暦が四の倍数に入れる閏年を一〇〇の倍数のときは入れない、ただし四〇〇の倍数ならやはり入れる（つまりユリウス暦と比べて四〇〇年で三日だけ短くなる）、というものです。一年は三六五・二四二五日として扱われていて、三〇〇〇年以上でようやく現実の季節と一日ずれる程度の精度です。

生活と宗教に関わる重要な改暦なので、すぐに切り替えられたかと思いきや、現実にはそうはいきません。改暦を主導したのがカトリック教会である以上、その権威を否定するプロテスタントなどには受け入れられなかったのです。プロテスタント側であるイギリスがグレゴリオ暦を導入したのは、実に一世紀以上経った一七五二年のことでした。

明治改暦の裏事情

現在私たちが使っているカレンダーは、このグレゴリオ暦です。日本が従来の太陰太陽暦を廃止して太陽暦を採用したのは明治五（一八七二）年のことですが、ここにもまた政治的な思惑があったと言われています。

徳川幕府に取って代わったばかりの明治政府は、大変な財政難に陥っていました。特に困っていたのが公務員に支払う給料です。江戸時代は年俸制を採用していたのですが、西洋にならって月給制にしたところ、明治六年には閏月が挿入されるため給料を一三回払わなければならないという問題にぶつかってしまいました。そこで新政府が着目したのが、閏月を必要としない太陽暦です。西暦に切り替えてしまえば、明治六年は全公務員の給料を一律一ヶ月分カットできます。おまけに、当時の太陰太陽暦は西暦より一ヶ月ほど遅れていたため、旧暦の明治五年一二月三日が新暦、つまりグレゴリオ暦で計算した場合の明治六年一月一日に当たりました。ということは、明治五年も二日間ただ働きということにして合理的に給料を一ヶ月分しか払わずに済みます。

何ともせこい話ですが、これは明治維新で財政に腕を振るった大隈重信の手記に書き残されていることです。

ちなみに改暦に際してはよほど余裕がなかったらしく、明治五年一二月三日に西暦へ切り替えるというのに、それが布告されたのは残り一ヶ月を切った一一月九日のことでした。おかげで、すでにカレンダーを印刷していた出版業界は阿鼻叫喚。また、布告の文章もよく読むと「四年毎ニ一日ノ閏ヲ置候事」としか書いていません。これではユリウス暦と変わらないので、グレゴリオ暦とのずれが生じる一九〇〇年が押し迫った一八九八（明治三一）年になってようやく修正がなされたのでした。

争いを避けるための太陰暦

月を無視する太陽暦とは逆に、月の満ち欠けしか考慮しない「太陰暦」も存在します。代表的なのが、世界に一〇億人以上の信者がいるイスラム教の「ヒジュラ暦」です。月の満ち欠けが一二回繰り返す周期が太陰暦の一年で、およそ三五四日、太陽暦よりも一一日ほど短くなります。太陽暦の三二年は太陰暦でほぼ三三年なので、現在三二歳の方は太陰暦で数えればほぼ三三歳、六四歳なら太陰暦では六六歳、ということになりますね。

ヒジュラ暦に従うとカレンダーが実際の季節からどんどんずれていくことになるので、日中は一切の飲食物を口にしてはならないとされる九番目の月ラマダーン、いわゆる「断食月」も、過ごしやすい時季であることもあれば一年で一番暑い時季と重なることもあります。それでも閏月を入れてはいけないことは、イスラム教の聖典コーランで「天地創造の日、神の啓典に定められたところによって月の数は十二であり、そのうち四ヶ月は神聖月である（和訳：藤本勝次）」と述べられているのが根拠とされます。ちなみにこの神聖月というのは一年の最初、七番目、一一番目、一二番目の月の四つを指し、特に年末である一二番目の月はメッカへの巡礼を行うのがよいとされる「巡礼月」です。イスラム教が成立する前から、アラブ人たちは神聖月には戦いをしてはならないと取り決めていました。

一説によれば、元々アラビアで使われていたカレンダーは年末に閏月を置く太陰太陽暦でした。神聖月である第一二と第一の月の間に不吉な存在である閏月を挟むことを巡って議論が紛糾したとも、あるいは神聖月に戦いを仕掛けるタブーを正当化するために閏月を恣意的に入れることがあったとも言われています。いずれにせよ、預言者ムハンマドが生涯の最期に残した教えで「純粋な太陰暦を使わなければ過ちを招く」という趣旨のことを述べた記録があり、暦を調整することが争いの火種になりかねないという認識が背景にあったとは言えそうです。

なお、季節がずれる太陰暦は農作業ではほとんど使いものにならないため、多くの場合ヒジュラ暦は他の太陰太陽暦や太陽暦と併用されました。現在では多くのイスラム教徒がグレゴリオ暦とヒジュラ暦の両方を使っています。

新月——観測か、計算か

もう一つ、ヒジュラ暦で特徴的なのは、原則として一ヶ月の始まりを天体観測で決める点です。

月が太陽と同じ方向にあるときは、地球から見て月に光が当たっていませんし、何より明るい太陽が邪魔して月を見ることができません。しかし月は常に太陽に対して東へ東へと動いているので、しばらくすれば十分に離れて、夕方に太陽が西へ沈んだ後にその方向の低空を探せば見つけることができます。このときの月は斜め後ろから太陽の光を浴びているので、爪のように細い部分だけが輝いています。この細い月が初めて見えたときが、ヒジュラ暦における一ヶ月の始まりなのです。

メソポタミア文明や中国文明における古い太陰太陽暦も、新しい月が西の空に出現したときに一ヶ月を始める仕組みでした。古代ローマでは神官が新しい月を観測して一ヶ月の始まりを定め、神に呼びかけた、あるいは人々に宣言したことから、一ヶ月の最初の日をラテン語のcalare（カラーレ。呼ぶ・宣言するの意）と同じ語源の「カレンダエ kalendae」と名づけました。これがカレンダー calendar という単語の由来です。中国や日本における「新月」という言葉も、元々はこの「新しく見え始めた一ヶ月の最初の月」を指すものでした。

しかし現在では月が太陽と同じ方向にあって見えない時点を「新月」と呼んでいるのは、中国がそこを一ヶ月の始まりとする方式に切り替えたからです。観測に基づいていないという点で分かりやすさは損なわれますが、計算がしっかりしていれば信頼性はぐっと高まります。

そもそも観測は天候に左右されてしまうものであり、ヒジュラ暦では曇っていて空が見えないと、本当は月が見えているはずだと予想できても一ヶ月が始まらないことがあり得ます。おまけに周囲の地形や標高も月の見え方に影響しますし、世界宗教と呼べる規模まで広がったイスラム教では地域によって条件が大きく変わるため、誰がどこの観測に従うのかという問題も生じました。もっとも、こうした問題に取り組むために天体の見え方を計算する研究が促進されたという歴史もありますし、イスラム教では少数派ながら観測せ

パキスタンの国旗

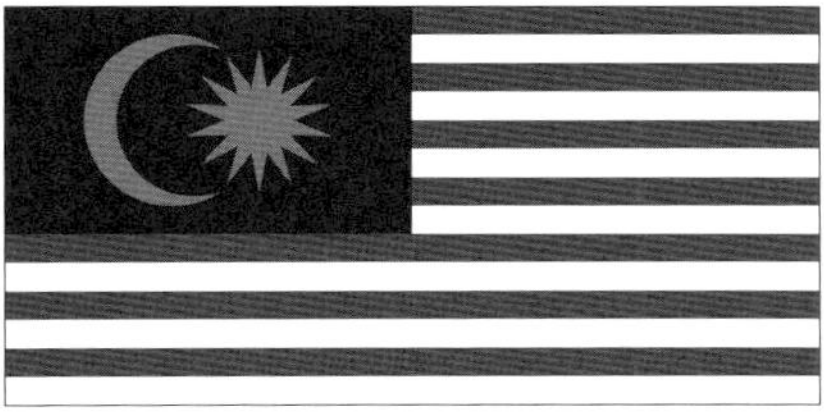

マレーシアの国旗

ずに新しい月が見える日を計算して暦を作る宗派もあるので、一概にヒジュラ暦は観測一辺倒だとは言えません。

いずれにしても、細い月がイスラム教徒たちの生活に大きく関わっていることは確かで、現代でもイスラム教を国教とする国の多くが国旗に三日月を描いていますし、赤十字社がこれらの地域で活動する際は、キリスト教の連想を避けるために「赤新月社」を名乗っているほどです。

月と罰

ところで、月には満ち欠けに加えて、独特の模様があることでも知られています。ヨーロッパの多くの言語ではこれを「月の顔」または「月の男」と呼ぶことがあり、これに関連して「地上で罪を犯した男が月に追放された」という物語が何種類か残されています。一方、中国の神話によれば月にいるのは女性です。彼女の名は嫦娥《じょうが》、あの太陽を九個射落とした后羿《こうげい》（↓19ページ）の妻です。后羿は偉業を達成した後に不老不死の薬を手に入れたものの、嫦娥に薬を盗まれた上、月へ逃げられてしまいました。このあたりの経緯についてはいくつかの伝承がありますが、代表的なものによれば、嫦娥は不老不死になったものの罰《ばち》が当たってヒキガエルとなり月に居続けているのだそうです。

どうも中国では元々月の模様をカエルに見立てていたようですが、いつの間にかウサギに見立てる伝承も登場しました。嫦娥の神話にも、ヒキガエルになったのではなく、玉兎《ぎょくと》（月のウサギ）とともに月の都で暮らしている、というバージョンが存在します。私たちがよく知っているように、月のウサギは日本にも伝わりました。平安時代の説話集『今昔物語』には、行き倒れの老人を助けようとしたウサギが、他の動物のように食べ物を集めることができなかったため自らの身を火に投じ、これに感心した老人（本当は帝釈天という神様）によって月に上げられ顕彰されたという話が収録されています。実は、これはインドの仏教経典に記された物語を下敷きにしているのです。月のウサギという発想はアジアの広い範囲に広がっていたと言えそうですね。

月にまつわる物語といえば平安時代の『竹取物語』、いわゆるかぐや姫に言及しないわけにはいきません。竹から生まれたかぐや姫の正体は罪を犯して地上に追放された月の住人であり、最後は彼女に求愛した帝に不死の薬を渡して月に帰ります。こうして見ると、嫦娥の話と共通する要素がいくつかある気がしませんか。月が地上とは隔絶された世界と見なされ、永久・無欠といった性質と結びつけられているのはなかなか興味深いものです。

直進と回転の境界

隔絶・永久・無欠というキーワードは、古代ギリシアの哲学者たちが思索の果てにたどり着いた宇宙観にも見られます。アリストテレス（紀元前三八四〜紀元前三二二）が確立して西洋やイスラム文化圏で長らく受け入れられていたその理論は、要約すれば「月より下の世界は生々流転、月とその上に広がる世界は完全無欠」というものです。彼は月より下、すなわち地球とその周辺は土、水、風、火の順に重い四つの元素からなり、重い物質は下に、軽いものは上に向かう直線運動に支配され、万物が変転すると考えました。そして月より上の天界では、あらゆるものは永久に形を変えないまま回転運動を続けているというのです（→第二章 87ページ）。

重い鉄球と軽い羽根を同時に落とすと、重い鉄球の方が速く落下することは誰もが体験から納得できるでしょう。また、炎は常に上へ上へと向かおうとしているように見えます。一方で月は（少なくとも見た目には）落ちもせず離れていくこともなく回り続けているので、地上とは別の運動法則に従っていると考えたくなります。アリストテレスの理論はこうした事実の観察と理論的な考察に基づいているので説得力がありました。それを受け入れたヨーロッパや中東などの知識人は、月は水晶玉のような球体だ、人によっては磨き上げられた鏡のようにすべすべだと信じていたのです。月の軌道は、人間が到達し得ない別世界の境界。月の人間やウサギなどといったお話は、フィクションに過ぎなかったのでした。

一七世紀に至るまで信奉されたアリストテレスの理論ですが、それまでに果敢に立ち向かった学者がいなかったわけではありません。中でもイタリアのガリレオ・ガリレイ（一五六四〜一六四二）ほど有名な人物はいないでしょう。まず彼は、宇宙論の根拠になっている落下の法則に疑問を呈しました。羽根がゆっくり落ちるのは空気抵抗があるからに過ぎない、もし重いものが速く落ちるなら、二つの球をつなぎ合わせて落下させたらバラバラのときよりスピードが増すことになってしまうではないか、と。

望遠鏡が世界を変えた

ガリレオがピサの斜塔から二つの球を落として実験したというのは伝記のために作られたエピソードだと思われます。そもそも両手に持った球を同時に落とすやり方では、手を放すタイミングの微妙な違いが結果に影響を及ぼします。その代わり、彼は斜面の上で球を転がす実験を繰り返すことで自説を確認したのでした。このようにガリレオは綿密な実験と観察を重視しました。

一六〇八年一〇月、オランダの眼鏡職人らが望遠鏡を開発して特許を申請しました。その噂《うわさ》はヨーロッパ全土に広まり、翌一六〇九年にはガリレオの耳にも入ります。彼は七月には自前で望遠鏡を作ってしまい、さらに改良も加えます。そうしてその年の秋のある晩に、望遠鏡を夜空に向けたのでした。これは天文学の歴史を前半と後半に分けると言ってよいくらい、重要なできごとです。

ガリレオが一六〇九年一一月から一二月にかけて月を望遠鏡で観測したときのスケッチが残っています。(→13ページ)そこには肉眼では見えない細かなクレーターなどがはっきりと記録されています。満ち欠けの境界線、つまり月の昼側と夜側との間では地形の陰影がくっきりしていることも観測されました。これは夕方になると山の影が大きく伸びるのと同じ原理です。つまり、月が完璧な球体だというアリストテレスの結論は間違いで、実際には山や谷などがあったのです!

ところで、ガリレオより四ヶ月も早く月をスケッチしていた学者がいました。イギリスのトーマス・ハリオット(一五六〇ごろ~一六二一)です。彼は数学や天文学、さらには民俗学ですばらしい研究をしていたにもかかわらず、研究成果をほとんど出版していなかったために二〇世紀後半までは一握りの研究者にしか知られていない存在でした。ガリレオの場合は観測結果を論理的に宇宙観と結びつけることができた上に、それをいち早く出版するだけの行動力があったことが、ハリオットとの明暗を分けたと言ってよいでしょう。

もっとも、行動力があり余って声が大きすぎたことが、ガリレオの人生に影を落とすことにもなってしまいます。自説の正しさを主張するのはよかったのですが、アリストテレスの信奉者を徹底的にやり込めるなどして敵を多く作ってしまったことが、宗教裁判でその主張を撤回させられる遠因となりました。

月の中の人など、やっぱりいない

ところで、ウサギのように見える月の暗い部分を望遠鏡で見ると、クレーターや山がほとんど見当たらないことが分かります。そのため、ガリレオは月の明るい部分を陸地、暗い部分を海だと考えたようです。何しろ、月下界と天上界を分けたアリストテレスの宇宙論が否定されたのですから、月が地球のような世界だと考えてはいけない理由などありません！

無機質で完全無欠という月のイメージは覆され、月を地球のような世界ととらえ、「月人」がいると本気で考える学者も少なからずいました。一周回って神話の世界に戻ってきたと言ったら言い過ぎでしょうか。ウィリアム・ハーシェルの「太陽人説」（↓21ページ）もこの流れの延長線上にあるのです。彼の息子ジョン・ハーシェル（一七九二〜一八七一）が父に匹敵する偉大な天文学者として活躍した一九世紀半ばになっても、月の人について考察する大学教授がいたのでした。ジョンは他人の論文に意見を求められれば肯定することはあっても自ら過激な主張をすることはありませんでしたが、思いも寄らぬ形で論争に巻き込まれてしまいます。

一八三五年八月、アメリカの新聞『ザ・サン』が「ジョン・ハーシェル卿の大発見」と題した特ダネを報じます。そこにはジョンが望遠鏡で見たという、水が流れる川や海、そしてそこに住む有翼の人や、様々な異形の生物が描かれていました。もちろんこれは完全なでっち上げで、月人について本気で論文を書いている研究者を皮肉るために書かれた記事だというのが真相のようですが、ジョンは当時何も知らずに南アフリカへ観測のために遠征しており、記事を本気で信じた人からの問い合わせに辟易《へきえき》するのでした。

二一世紀の感覚からは信じがたいことですが、『ザ・サン』の記事が嘘だと分かって騒ぎが収まるまで数週間もかかったそうです。それでも同紙は訂正記事を出しませんでした。西洋には、月の満ち欠けが人を狂わすという迷信があり、英語にはラテン語で月を意味するルナ（luna）にちなむルナティック（lunatic：常軌を逸している状態）という言葉がありますが、まさにこの騒動にふさわしい形容詞だと思います。

月を楽しみ、月で悲しみ

ここでもう一度、昔の東洋に目を向けてみましょう。そこでは月は狂乱を引き起こすようなものではなく、美しく愛《め》でられる存在でした。また多くの詩人や歌人が、喜怒哀楽、様々な感情を月に投影しています。極めつきと言えるのは中国の「詩仙」李白（七〇一〜七六二）でしょう。代表作の一つ『月下独酌《げっかどくしゃく》』では空で輝く月に杯をかかげ、月光が作る自分の影を加えた三者で酒を楽しむという情景が描かれています。最期は酔って船に乗り水面に映った月をとらえようとして水死したという伝説があるほど、彼はひたすら月を好んで詠みました。

昔の日本人はあまり天体を詩の題材に選ばない傾向があったのですが、月だけは例外でした。

藤原定家（一一六二〜一二四一）が飛鳥時代から鎌倉時代までの歌人一〇〇人の和歌を一首ずつ選んだ『小倉百人一首』には一〇〇首のうち月を詠《うた》ったものが実に一二首もあります。月を見て涙を流したり、待ち人が来ないのでひたすら月を見ていたり、と悲哀を感じさせる歌が多いのですが、阿倍仲麻呂（六九八〜七七〇）が詠んだと伝えられる一首からは喜びと寂しさの両方がにじみ出ています。

一九歳で留学生として遣唐使の船に乗り、学問を修めたのち唐（六一八〜九〇七）の朝廷で出世するとともに、李白ら多くの詩人とも親交を深めた仲麻呂でしたが、望郷の想いは捨てきれず、唐に渡って三七年目の年に帰国することになりました。彼のふるさと大和（奈良）を目指して船が出発する明州《めいしゅう》（現在の浙江省《せっこうしょう》寧波市《ねいはし》）にて、中国の友人らが開いた送別会であえて日本語で詠ったとされるのがこの歌です。

天の原　ふりさけみれば　春日なる　三笠の山に　出でし月かも

「広大な空を仰いではるか遠くを見ると月が昇っている。春日の地（奈良の春日大社周辺）で三笠山に昇っていたのと同じ月なのだな」

時差一時間の距離

仲麻呂が見ている月と、思い出の中の月の間に、約四〇年の隔たりがあることが哀愁を誘います。しかも、仲麻呂は意識していなかったかもしれませんが、二つの地で昇る月の間にはもう一つの隔たりがあります。東西で経度にして約一五度の違い、およそ一時間の時差です。これは、太陽をはじめとしてあらゆる天体の動きに一時間のずれがあることを意味します。もし奈良で東の低空ぎりぎりに月が昇っていたら、寧波ではまだその月は見えていません。

一時間の時差と言ったら、現代の私たちにとっては飛行機であっという間に飛べる距離ですが、奈良時代の航海技術でこれだけ長い海路を進むのは至難の業でした。非情にも仲麻呂を乗せた船は月が昇る東の方向へたどり着くことができずに難破してしまったのです。彼が死んだと聞かされた李白は嘆きの詩を作り、友人の運命を「明月帰らず碧海に沈み」と詠いました。幸い仲麻呂は生きてベトナムに漂着していましたが、帰国は諦めて再び唐の役人として要職を歴任し、故郷の土を踏むことも故郷の月を見ることもなく生涯を終えたのです。

遣唐使はたびたび海難事故に遭い、人材を失うリスクの高さは誰の目にも明らかでした。その上、ちょうど仲麻呂が活躍したころを境に唐は衰退期に入ります。こうした状況を踏まえた菅原道真（八四五～九〇三）の建議（八九四）により遣唐使は廃止されました。中国との間で公式な交流が途絶えたことは日本の文化に様々な影響を与えました。特に中国の暦を輸入しなくなったことは、日本の天文学史において大きな転換点となります。

アップデートを放置して八二三年間

そもそも日本では、六〇二年に百済（四世紀半ば〜六六〇、現在の朝鮮半島南西部）から渡来した観勒《かんろく》（生没年不詳）が大陸の暦学を伝授するまで、カレンダーを計算するノウハウすらありませんでした。そして観勒が来たころに導入された元嘉暦《げんかれき》から八六二年に採用された宣明暦《せんみょうれき》まで、朝廷が採用した五つの暦は全て中国で作られたものです。最後の宣明暦はなんと一六八五年までの八二三年間、朝廷の公式な暦として使われていました。言ってみれば、暦というソフトウエアの更新をせずに放置している状態です。日本のシステムエンジニアであるところの暦博士たちには、自力でプログラムを改良するだけの能力がありません。それでも朝廷の権威を象徴するものとして、暦法自体は門外不出としながら毎年のカレンダーを発行したのでした。

やがて朝廷の力が弱まると、各地で宣明暦をもとにした独自のカレンダーが発行されるようになりました。どこかからプログラムが流出し、違法コピーや海賊版が横行したというわけです。戦国時代の一六世紀には、大名ごとにばらばらの暦を使っていて閏月も地域によってずれている有様でした。宣明暦自体の誤差も蓄積していて、江戸時代に入ると冬至のタイミングが現実と計算とで二日もずれていたのです。中国の暦には日食予報という重要な役割もありますが、こんな状態ではほとんど当てになりません。

　こうした事情を背景に、日本史上有数の安定期を築いた江戸幕府は改暦を推進することになります。この一大プロジェクトを任されたのが、本職は幕府お抱えの碁打ちでありながら数学と暦学も勉強していた渋川春海《はるみ》（一六三九〜一七一五）でした。冲方丁《うぶかたとう》氏の小説『天地明察』およびそれをもとにした同名の映画は彼の活躍を題材としています。

　春海はまず、一二八一年に元（一二七一〜一三六八）で制定された授時暦《じゅじれき》を採用することを一六七三年に幕府へ提案しました。ところが採用を検討中の一六七五年、授時暦が日食の予報を外した上に、宣明暦の予報がたまたま実測に近い結果を出してしまいます。プロジェクトは振り出しに戻ってしまいました。

西洋にヒントを得た国産カレンダー

　渋川春海の時代と授時暦が元で制定された年の間には、約四〇〇年の隔たりがあります。その間に太陽の見かけの運動が微妙に変化していることを春海は見落としていました。そして阿倍仲麻呂の例で見たように、もう一つの隔たりがあります。そう、日本と中国の間にある一時間の時差です。確かに授時暦は極めて正確な観測に基づいているのですが、それはあくまで一三世紀の大都（元の首都、現在の北京）でなされたことでした。

改暦事業は暗礁に乗り上げたかに見えましたが、春海は諦めることなく天体観測と研究を続けます。そして数年後、ついに二つの隔たりを埋めて授時暦をバージョンアップさせた「大和《やまと》暦《れき》」を完成させます。大陸から暦の知識が伝わって一〇〇〇年以上経って、ようやく国産と言える暦ができたのです。春海は人脈を活かし朝廷側の既得権益や伝統を守ろうとする勢力との主導権争いも制しました。そして一六八五年に貞享暦《じょうきょうれき》という名前で彼の大和暦が施行されます。

春海が二つの「隔たり」に気づくきっかけは、中国よりさらに遠くからやってきた西洋天文学にあったとも言われています。游子六《ゆうしろく》（生没年不明）が中国で活動していたキリスト教の宣教師から学んだ知識をまとめた『天経或問《てんけいわくもん》』（一六七五年）は、日本ではキリスト教と関わる本であることから公式には禁書とされていましたが、春海ら天文関係者は閲覧することができました。その内容は古いアリストテレスの宇宙観に基づいていたものの、授時暦の問題点に気づくヒントには十分なり得ます。さらに、宣教師マテオ・リッチ（中国名利瑪竇《りまとう》、一五五二～一六一〇）が作成した世界地図『坤輿万国全図《こんよばんこくぜんず》』（一六〇二年）も日本に伝わっています。それは大地が平らではなく丸いのだという世界観とともに、大都と京都の間にある経度の差もはっきりと示していました。

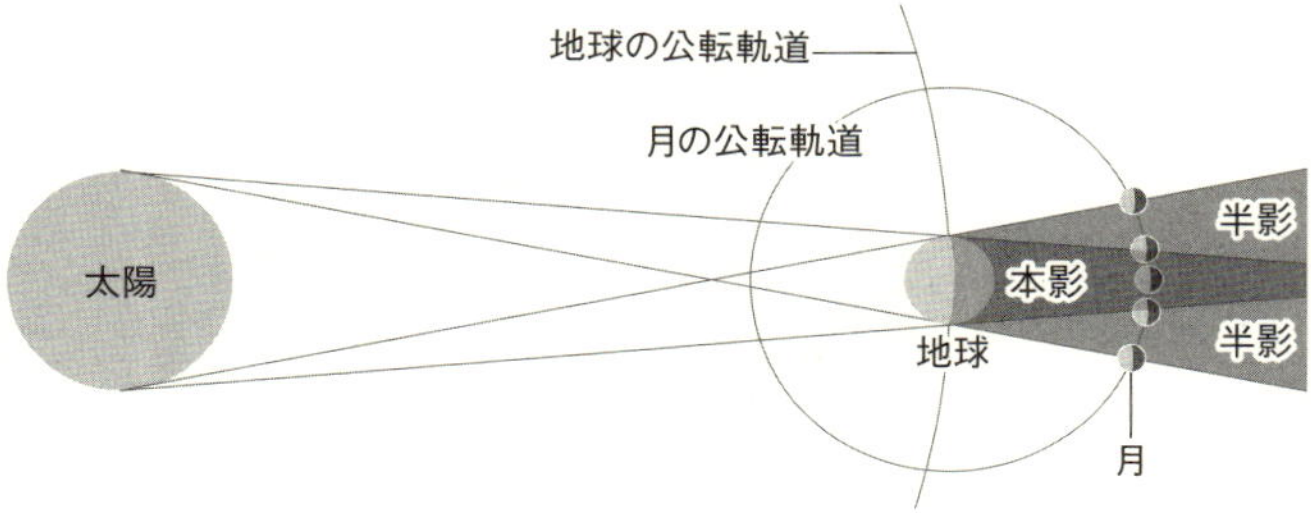

月食の仕組み

天体の大きさや距離は、実際とは異なります。

月はときに「地球」をも映す

アリストテレスの宇宙観はガリレオに散々批判されたとはいえ、自分たちが球体の大地に立っているという点では正しく認識していました。紀元前五世紀ごろの時点で、ギリシアの哲学者の大半が地球は丸いと主張していたのです。よく「ギリシア人は海洋民族で、出航した船が船底から隠れていき、最後は帆先が見えなくなるので地球が平らではないことに気づいた」と説明されることがありますが、本当のことは分かりません。古代の学者が地球球体説の証拠としてよくあげるのは月食です。

満月が部分的にあるいは全体的に輝きを失う月食という現象は、神話の中ではラーフのように何者かが月を食べてしまったり雲が覆ったりするという理由づけがなされていることがあります。しかし月を輝かせているのが太陽の光だということに気がつけば、本当の原因は日光を遮る地球の影だということに思い至るのはあまり難しくありません。そして月食において満月を隠す影は常に縁が丸いので、その影を作る地球はどこから見ても円形になる立体、つまり球なのだという結論になります。ところで、日食は月が太陽を隠す現象なので、太陽と月が重なって見える場所にいなければ発生しませんが、月食は月に影が映っているだけなので見る場所に関係なく、月が空に出ている限り必ず起こります。月に地球の影がかかって月食が始まるタイミングや影が完全に月を覆って反射光が消える瞬間などは世界中で同時に起こることになります。電話のように遠くへ瞬時に情報を伝える手段がなかった時代、離れた場所にいる二人が「お互いが同じ瞬間に同じものを見ている」と確信できた現象はこの月食しかありません。天文学者にとっては、二つの地点で時刻を計りながら月食を観測することで、両地点の時差そして経度差を計算できることが重要でした。

地球の大きさを棒で測る

実際に月食の観測を利用した経度差の測定が、八三〇年前後にアラビアで行われた記録があります。アッバース朝（七五〇〜一二五八）の七代目カリフ（最高指導者）マームーン（七八六〜八三三）の命を受けた天文学者たちが二つのチームに分かれ、首都バグダードと聖地メッカで月食を観測して経度の差を測定しました。このプロジェクトの最大の目的は、バグダードから見たメッカの方向を正確に知ることだったと考えられます。イスラム教では一日に五回、メッカの方向を向いて礼拝することが義務づけられているからです。

ところで方向を知るには、経度（東西の角度）の差だけでなく緯度（南北の角度）の差も分かっていなければいけませんが、その緯度はどうやって測ればよいのでしょうか？　ここで活躍するのが、太陽を観測する器具として紹介したグノーモンです（↓15ページ）。観測者が南に行けば行くほど、空に昇る太陽の位置は北へとずれていきますから、北半球の日本くらいの緯度に限定すれば、南にいるほど太陽が高く昇ってグノーモンの影が短くなり、北で観測すると太陽は逆に南の低い位置に留まってしまうので影は長くなります。たとえば、春分の日に太陽が一番高く昇った瞬間、札幌（北緯四三度くらい）にあるグノーモンの影は那覇（北緯二六度くらい）で見たときの二倍弱まで伸びています。

今から二二〇〇年以上前に、エジプトのアレクサンドリア大図書館の司書エラトステネス（紀元前二七五ごろ〜紀元前一九四ごろ）がこの原理を使って地球の周囲の長さを計算しています。彼は南にあるシエネの町（現在はダムで知られるアスワン市）で夏至の日に太陽が頭の真上に到達することを知り、アレクサンドリアで夏至の日にグノーモンの影を観測して、南から北へ流れるナイル川の上流と河口にある両地点の緯度差を計算しました。そしてアレクサンドリアからシエネまでの距離を大ざっぱに見積もった上で、地球の全周は「二五万スタディア」だと結論づけました。

「アレクサンドリア」という都市名が示すように、エジプトはマケドニア王国のアレクサンドロス三世（アレキサンダー大王、紀元前三五六～紀元前三二三）に征服された歴史があり、そのころからギリシアの文化圏に組み込まれていました。スタディアというのは古代ギリシアで使われていた距離の単位で、複数形がスタディア、単数形はスタディオンです。

数にとらわれず、グローバルな視点で

地球は一周約四万キロメートルなので、一スタディオン＝一六〇メートルだとすればエラトステネスの計算は正確だ、と言われることがあります。しかし実際のスタディオンはもう少しだけ長く、一七〇～一八〇メートルはあったと考えられていますし、そもそもエラトステネスがそこまで精度の高い値を得ようとしていたようには見えません。現代に生きる私たちは、昔の人がどれだけ正確な数字を使っていたかに目を向けがちですが、数が「正確」かどうかには今と昔の単位の変換など、様々な不確定要素が入ってきます。それよりも、数字の背景にどのような考え方や歴史があったかを知ることが、本当の意味で科学の歴史を理解することにつながるのではないでしょうか。

一五〇〇年前のインドではアールヤバタ（四七六～五五〇ごろ）が「地球の直径は一〇五〇ヨージャナ」と述べています。元々「ヨージャナ」は牛が荷車を引いて一日で移動できる距離のことだと言われていますが、アールヤバタによれば一ヨージャナという単位は八〇〇〇ヌリに

等しいのだそうです。「ヌリ」というのは「人間」を意味して人の背丈に相当するので、無理やり現代の値と比較することもできますが、やめておきましょう。またアールヤバタ自身は一〇五〇ヨージャナという数値の根拠を一切示していません。それよりもここで注目したいのは、彼がギリシアの学者たちのように地球球体説をとっていて、その大きさについて取り扱っていることです。

アレクサンドロス三世はインドまで遠征しており、以来ギリシア人がインドに移住したりヨーロッパとインドの間で海洋貿易が行われたりするなど、ギリシアの文化がインドにも広まっていました。天文学もその一つで、紀元後二世紀から四世紀あたりに伝わったと見られます。アールヤバタの地球像は間違いなくその影響を受けている、というのがここでのポイントなのです。地球球体説は当時のインドにあっては革命的だったと言えるでしょう。

それでも地球は回っていない

しかしアールヤバタが真に革命的なのは、ギリシアの哲学者たちでさえほとんど採らなかった説を主張していることです。彼は星々が地球の周りを回っているのではなく、地球が逆に自転していると考えたのでした。これを説明するためにわざわざ「船に乗っていると、実際には動いていないはずの景色が動いて見える」というたとえ話まで持ち出しています。なおアリスタルコスのように太陽の周りを地球が回っていると考える「地動説」とは異なるので注意が必要です。アールヤバタの場合、あくまで宇宙の中心は地球でした。

彼の考えの源がどこにあるのかは、残念ながら分かりません。一方、彼の言葉がインド中に広まったことは、数多くの数学者や天文学者が言及していることから明らかです。インドの天文学史上一、二を争うほどの重要人物とも言われるアールヤバタは天体の動きや暦、さらには数学についての知識を残しており、地球自転説はそのほんの一部に過ぎません。そして彼のことを後世ほとんど誰もが「先生」と呼んで尊敬していて、たとえば地球の直径が一〇五〇ヨージャナだという説は一〇〇〇年以上経っても受け継いでいた天文学者がいたのに、地球が自転しているという考えだけは不人気でした。

アールヤバタの理論を批判しようとした学者はここぞとばかりに地球自転説を攻撃します。地面が動いていたら、巣を飛び立った鳥が元の巣に帰って来られない、というのが定番の反論でした。一方、彼が一〇〇パーセント正しいと信じて疑わない人々は、「地球が回っている」というのは「星が回っている」というのを誰かが間違えて伝えているのだ、とか、先生は天の星々からの視点で地球が動いていると述べていて、動く船にたとえているのは地球ではなく星の方なのだ、などと、アールヤバタのために様々な「弁解」をするのでした。

「地球を測る」から「地球で測る」へ

結局、地球が動いているという考えが広く受け入れられるのは、地動説が天動説を理論としての簡潔さと精度の両面で上回った一七世紀以降のことです（↓第二章　97ページ）。イギリスの科学者アイザック・ニュートン（一六四二〜一七二七）はアリストテレスの運動論に代わる運動理論と万有引力の法則を見つけ、全宇宙で同じ物理法則が成り立つとして月下界と天上界の区別を否定しました。

彼の万有引力の法則によれば、回転している物体には外向きに遠心力がかかります。そうなると、自転している地球は横向きに引っ張られるので、赤道周りの方が北極と南極を通る場合よりも一周がわずかに長くなるはずです。一方、イギリスのニュートンの理論を受け入れないヨーロッパの大陸側、特にフランスの研究者たちの中には、逆に地球は南北に長いと主張する者もいました（↓第六章　224−225ページ）。これを調べるためにフランス王立科学アカデミーによる測地遠征が行われるなどしましたが、結局ニュートンの理論に軍配が上がりました。

ところで、これまで地球の大きさを表すのに様々な単位が使われていることを紹介しましたが、昔の長さの単位は、インドの「ヌリ」に象徴されるように人間の身体、それも多くの場合は王などの権力者のそれを尺度としています。しかしこれでは時代や地域によって使われる単位がバラバラになってしまいます。一八世紀末にフランス革命によって王制が打倒されると、

「平等」の精神にふさわしくどんな人間にも依存しない新たな長さの単位を定めようという機運が高まりました。

一七九一年、「地球の北極から赤道までの距離の一〇〇〇万分の一」と定義される長さの単位「メートル」が提案されます。もちろん現実に北極から赤道まで一直線に測定するのは不可能に等しいので、エラトステネスと同じように二地点の緯度とその間の距離を測ることで「メートル」の長さが計算されました。これにはさらに一〇年以上の歳月を要しましたが、ついに「人類が自分の尺度で地球を測る」のではなく「地球を自分たちの尺度とする」という革命が実現したのです。

地球の回転よりも精度が高い時計

太陽、月、地球という三つの天体は時間や距離を測る上で重要な役割を果たしてきましたが、測定技術が精密になるにつれ天体を使うことの限界も明らかになってきました。

地球の自転に基づく「一日」という時間単位は揺るぎないもののように思われます。しかし実は地球が回転するスピードは、非常に微妙にですが、変化し続けています。二〇世紀の半ばに極めて高精度な原子時計が開発され、一九六〇年代から七〇年代にかけて国際的にこの原子時計を基準とした時間が採用されたとき、そこで定義される「一日」と天文学的な「一日」の差が浮き彫りになっていました。全体としては地球の自転は遅くなる傾向にあり、天文学的な「一日」が微妙に長くなっているので、一九七二年以降、数年に一度「閏秒」を挿入することでこのずれを調整しています。

「一メートル」も当初は地球の周囲の長さで定義されていましたが、これは地球が凹凸のないすべすべな球体だと仮定しなければ成り立ちません。一八八九年にはメートルと地球の大きさは切り離されることになり、一九八三年からは光が二億九九七九万二四五八分の一秒間に進む距離を一メートルとするという定義が使われています。

月下界を越えて神話の世界へ

時間と距離を高精度で測る技術は、人類の宇宙進出にも大いに貢献しました。一九五七年にはソ連が世界初の人工衛星スプートニク一号を打ち上げ、一九五九年には早くもルナ二号を月面に衝突させることに成功しています。ソ連に対抗するアメリカは一九六一年から有人月着陸を目指すアポロ計画を開始しました。月に行くのに太陽神アポロンの名前を使っているのは、当時のNASA長官が、ギリシア神話で太陽を運んだ馬車（↓18ページ）をイメージしたからだそうです。神話のように壮大なアポロ計画は、一九六八年にアポロ八号が人を乗せて月を周回し、一九六九年にアポロ一一号が二人の宇宙飛行士を月面に届けたことで実を結びました。

嫦娥3号の月面車、玉兎号　（2013年12月17日）

　ここに至って人類はアリストテレスの言う「月下界」を名実ともに越えたと言えるでしょう。一九七一年、アポロ一五号では乗組員が空気のない月面でハンマーと鳥の羽根を同時に落とす実験をして、ガリレオが正しかったことを改めて証明してみせました。

　一九七二年のアポロ一七号を最後に、有人月着陸が行われなかっただけでなく、月へ行く無人探査機も小規模なものばかりになってしまいましたが、二〇〇七年に日本の月周回衛星がひさびさの大型探査機として送り込まれました。その名も「かぐや」です。同年、後を追うように中国の「嫦娥一号」が月へ向かいました。

　『竹取物語』では、かぐや姫は月の都へ帰ったとされていますが、中国神話ではその都は

「広寒宮《こうかんきゅう》」と呼ばれており、嫦娥が逃げて月のウサギ・玉兎とともに暮らした場所（↓47ページ）でもあります。二〇一三年に月へ着陸した「嫦娥三号」には「玉兎号」という月面車が搭載されていて、嫦娥と一緒に月表面で探査を行いました。このときに着陸した地点には「広寒宮」という名前がつけられ、国際的にも承認されています。

ある意味で、私たちは昔以上に神話と現実が交差する世界に生きていると言えるのかもしれません。

第2章

惑星
転回する太陽系の姿

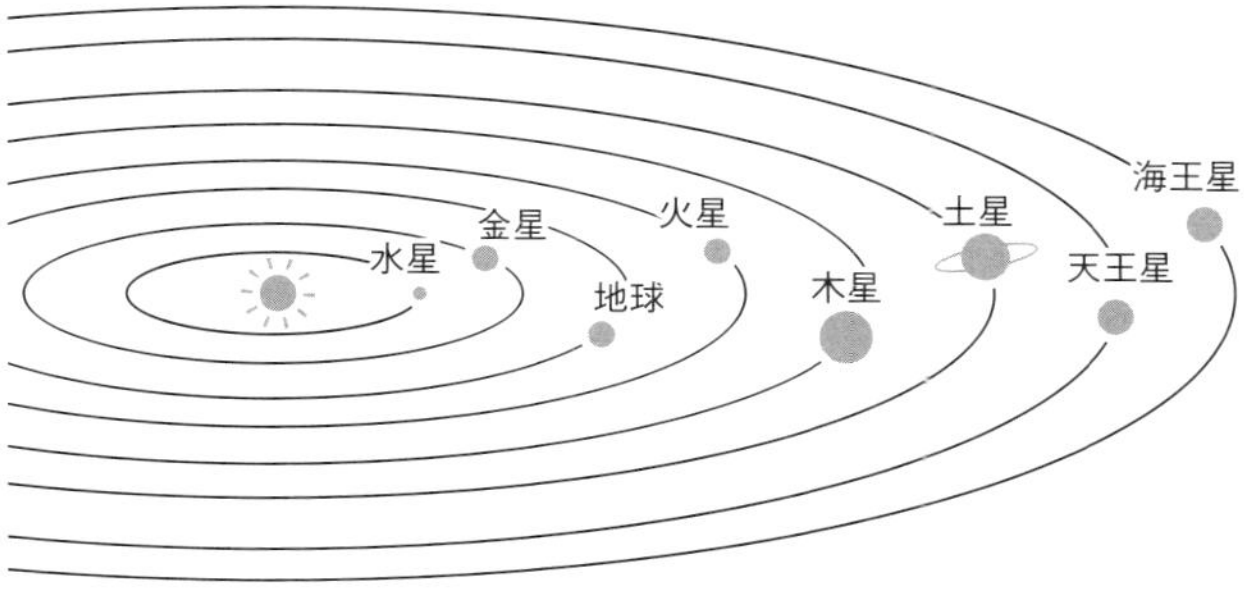

太陽系の惑星

天体の大きさや距離は、実際とは異なります。

惑星は全部で何個?

現在、「惑星」は水星・金星・地球・火星・木星・土星・天王星・海王星の八個ということになっています。二〇〇六年に冥王星が「惑星ではなくなった」ことに衝撃を覚えた方も多いかもしれませんが、実を言えば、「惑星」という概念は、宇宙に対する理解が変化するのに対応して、移り変わり続けてきたのです。

英語で「惑星」を意味する「プラネット planet」は、ギリシア語の「プラネーテース(さまよう者)」に由来します。紀元前四世紀に書かれた本にはすでにこの単語が登場しています。星座を形作る星々(恒星)がお互いの位置関係を変えないのに対して、その星々の間を移動していくように見える天体にこの名がつけられました。太陽と月もまた星座の中をさまようので、古代ギリシアの定義では立派な「惑星」だったのです。これに肉眼で見える水星・金星・火星・木星・土星の五惑星を合わせた七個の天体が、ギリシアとその影響を受けた古代西洋世界における「惑星」でした。

インドで学者の共通語として二〇〇〇年以上にわたり使われたサンスクリットでは「惑星」に相当する単語はいくつもありましたが、代表的なのが「つかむ者」を意味する「グラハ」です。惑星は人間の運命を「握って」いて、その複雑な動きを読み取ることで人生や社会を予測できるだろうという占星術の思想が背景にありました。グラハには太陽や月はもちろん、日食や月食の原因とされたラーフとケートゥ（→第一章　27ページ）を含むこともあります。ですから昔のインド人の数え方では惑星は九個あったとも言えるでしょう。

一方、日本語の「惑星」という単語は比較的新しく、一七九二年に長崎の蘭学者・本木良永（一七三五〜九四）がオランダ語の天文学書を翻訳したときに初めて用いられたものです。この本は地動説を扱っていたので、単語としての「惑星」は初めから地球を含んでいたと言えるでしょう。それ以前は、この後に紹介する中国のように五つの惑星を「五星」と呼ぶことはあっても、共通の性質を持つ天体と意識して総称することはあまりなかったようです。

見慣れない順番の背景にあるもの

かつて中国では太陽や月を含む七天体を「七政」、日月を除く五惑星を「五星」などと呼びました。中国の春秋戦国時代（紀元前七七〇〜紀元前二二一）に確立した自然観の一つ「五行説」では、万物が五つの元素でできていると考え、五星もそれぞれ五元素に割り当てられています。五元素には、木が燃えて火が生じ、火の灰から土が生じ、土が固まって金属が生じ、冷えた金属の表面に水が生じ、水から木が生じるという「相生《そうじょう》」の関係があるとされたことから、古代中国で五星を列挙するときは必ず木火土金水の順番に並べられています。ただし、元素の名前を直接惑星の名前に使うようになったのは後の時代であり、本来の正式名称は、木星は歳星《さいせい》、火星は熒惑《けいこく》、土星は鎮星《ちんせい》、金星は太白《たいはく》、水星は辰星《しんせい》でした。

今から三〇〇〇年前のメソポタミア地域で成立したとされる天文学のテキスト『ムル・アピン』では、木星・金星・火星・土星・水星という順番で五つの惑星が登場します。これは空の中における目立ちやすさの順番ではないかという説があります。もう少し時代が下って二五〇〇年前よりも新しい粘土板になると木金水土火という並びが一般的ですが、その理由は、ずばり縁起の良さです。いかに惑星が占星術において重要な存在であったかを物語っていますね。

元素と関連づけたり、吉兆の優劣をつけたりと、昔の人々は五つの惑星それぞれに多様なイメージを抱いていたようです。では、一つ一つの惑星をもう少し詳しく見てみましょう。でもその前に、探査機や巨大望遠鏡が撮影した写真や、あなた自身が望遠鏡で見た惑星の姿は、全て忘れてください。木星の縞模様も土星の環もなく、空に浮かぶ光の点でしかなかった時代の惑星とは、どのような存在だったのでしょうか。

水星——二つの顔を持つ星

古代の惑星に対するイメージを理解するには、肉眼で実際に惑星を観察してみるのが意外と効果的です。情報誌やインターネットなどで見ごろとなる時期を把握しておけば、意外とあっさり見つかることでしょう。しかし唯一、分かっていても簡単には見られないのが水星です。

水星の場合、「見つけにくいこと」自体が特徴とも言えるかもしれません。現代の知識によれば、水星は太陽に一番近い軌道を回る惑星です。そのため、外側にいる地球から見ると水星はいつも太陽の近くにあって、夕方に日が沈んだ直後か、朝に日が昇る直前のわずかな時間しか観察のチャンスがありません。その上、約八八日で一周という速さで太陽を巡っているため、夕方に水星が顔を出すようになったと思ったら数日後にはいなくなり、気がつけば朝に出現していた、という具合に実に慌ただしい動きをします。

そんなこともあって、『ムル・アピン』の書き手は水星を「飛び跳ねる惑星」と形容しました。西洋の占星術では一般的に、水星は幸運と不運のどちらをももたらし得るということになっています。

古代ギリシアでは当初、朝と夕方に出現する水星を同一視せず、それぞれ「アポロン」「ヘルメス」という異なる二神に見立てていましたが、やがてヘルメスに一本化します。このヘルメス自体、「伝令神」とも呼ばれるように人間界と神の世界を行ったり来たりと動き回り、おまけに知恵者でありながらどこか気紛れで、商売の神様なのに泥棒の神様でもあるという、とらえどころのない水星という惑星にぴったりな神でした。ローマ神話にも「メルクリウス（英語ではマーキュリー）」という似たような性格の神がいて、ヘルメスと同一視されることがあり、天体としての水星を意味するようにもなりました。

©Sho Hirose

メソポタミアの境界石　上部中央が金星。
（ルーヴル美術館所蔵）

金星――太陽と月に次ぐ明星

金星も夕方か朝にしか見えない惑星ですが、水星よりも太陽から離れている分、地平線から高い所に昇るので簡単に見られます。何より、見かけの明るさが太陽と月に次いで三番目に明るいおかげで、空が多少明るくても目立つほどの輝きです。

古代メソポタミアの人々はこの星をよく観察しており、紀元前一五〇〇年ごろにはすでに継続的に記録をつけていました。このころに作られた「境界石」と呼ばれる石碑の多くには、一番上の段に、三日月と太陽に並んで、太陽と同じくらい大きな姿の金星が刻まれています。

当時の人々は金星を愛の女神イシュタルの象徴と見なしました。ギリシア神話のアフロディテとローマ神話のウェヌス（英語ではヴィーナス）もそれぞれイシュタルに対応する女神であり、金星と結びつけられています。そのため金星と言えば愛の女神というイメージがありますが、世界各地の神話を見てみると案外そうでもありません。

ラテン語で「明けの明星」すなわち夜明け前の金星を意味するルシファーは、キリスト教では堕天使あるいは悪魔の代名詞になっています。インドにおいて金星（を含む全ての惑星）は男性神ですが、占星術では縁起が良い惑星として扱われており、この点ではメソポタミアと共通していました。メキシコ高原で一四世紀から一六世紀まで栄えたアステカ文明では、農業・工芸・知識などを司る神ケツァルコアトルと関連づけられることが多かったようです。また明けの明星をケツァルコアトル、宵の明星を彼の双子の兄弟で雷や苦痛などの神ショロトルとする伝承もありました。

マヤの「金星暦」

アステカに先駆けメキシコからグアテマラにかけての地域で栄えたマヤ文明の場合、古典期と呼ばれる時代（二五〇ごろ〜九〇〇ごろ）には太陽と金星を双子の兄弟とする神話があったようです。後の時代には、ケツァルコアトルに対応する神であるククルカンが金星を象徴する代表的な神になりますが、興味深いのは金星が戦争を司る星とされていることです。戦いを仕掛けたり敵に降伏したりするタイミングさえ金星を見て判断していた節があります。そんな需要もあってか、マヤの天文学者は太陽暦や太陰暦ならぬ「金星暦」とでも言えそうなものを編み出していました。

金星は「明けの明星として出現→隠れる→今度は夕方の空に宵の明星として出現→隠れる」というパターンを約五八四日周期で繰り返していますが、これは五回続けるとほぼ八年になります（五八四×五＝三六五×八）。言い換えれば、あるときに金星を見たら、その八年後、同じ日の同じ時刻に同じ空の位置で金星を見ることができるというわけです。

一三世紀か一四世紀ごろにメキシコのユカタン半島付近で書かれ、現在はドイツのドレスデンに残されている写本には、この八年五周期のパターンをさらに一三回繰り返した三万七九六〇日（一〇四年）分の表が書かれています。マヤの人々はどういうわけか一三という数字を好んだようで、これを二〇倍した二六〇日という周期はあらゆる祭式の基本となり、三六五日の一年と並んで日常生活で使われていました。二六〇日というのはどのような天文現象とも結びつけることができず、その点でマヤ暦はかなり特異な存在です。

「二〇一二年世界滅亡」の嘘

なお二六〇日周期を七三回繰り返すと、ちょうど三六五日を五二回繰り返したのと同じになるので、マヤ文明では五二年が重要な境目とされました。五二歳を過ぎて初めて与えられる定年などの特権もあったようです。このあたりは、後で紹介する「還暦」の概念とも似たところがあります。ちなみにこの五二年を二倍すると、ドレスデンの写本に残された、金星八年周期の一三倍という数字になります。

五二年を超える長い期間や歴史的な記録には、長期暦と呼ばれる、これまた特殊な数え方がありました。長期暦では二〇日が一つの単位で、それを一八倍した三六〇日が次の単位、それを二〇倍、さらにまた二〇倍した「バクトゥン（一四万四〇〇〇日、約三九四年）」が大きな区切りとされています。マヤの伝承の一つによれば、世界は何度か作り直されていて、前回は創造から一三バクトゥン（約五一二五年）経過したところでやり直しになっています。そして現在のマヤ長期暦を計算すると、西暦二〇一二年一二月に一三バクトゥンになる、ということで当時マスコミで盛んに取り上げられ、映画も作られるなど世界中で終末論が流行ったのでした。

しかし「創造の繰り返し」というのはあくまで伝承の一つに過ぎませんし、前回が一三バクトゥンで終わったからといって次も一三バクトゥンで終わるとは誰も言っていません。その上、グアテマラのシュルトゥン遺跡で二〇一〇年に見つかり、二〇一二年に論文として発表された壁画には、一七バクトゥンという未来まで及んで金星の周期などを計算したと思われる跡があり、終末論に対する大きな反論となりました。マヤの天文学者は一三バクトゥンを過ぎても金星は変わらず巡り続けると考えていたはずで、実際そのとおりになりました。

火星――人々を惑わす炎

さて、戦争を司る星といえば、世界的には金星よりも火星の方が有名でしょう。ギリシア神話ではアレス、ローマ神話ではマルス（英語ではマーズ）と、いずれも軍神を火星と結びつけています。この点について、現代ではよく「赤い色が血を連想させたのだろう」と言われますが、昔の文献にはっきりそう書いてあるわけではありません。

実際に観察してみると火星は赤というよりオレンジに近い色をしていますし、星座の星々の中には、火星よりよほど赤い星がいくつもあります。戦争のイメージにより強く結びついたのは「血の色」より「炎の色」かもしれません。メソポタミアでよく火星の神とされたネルガルは、戦争を司る神であると同時に、元々は人々に病と死をもたらす太陽の熱の化身でもありました。

火星の動きもまた、不気味なイメージの定着に一役買ったことでしょう。

水星や金星と違って、火星は夜中に見えることがあります。およそ二年二ヶ月の周期で、数ヶ月間、見つけやすい時期が続きます。このころの火星を何日間か観察していると、星座に対して日々動いているのがはっきり見える上に、その動きが止まったり、逆方向に動いたりすることも分かります。中国における火星の旧名「熒惑《けいこく》」の「熒」はともしびの炎を表すと同時に、それによって目がくらむことも意味します。火星はまさにその神出鬼没な動きで人の目をくらませて惑わす星でした。

古今東西、惑星の動きを解き明かすための計算方法が数多く編み出されてきましたが、火星と、あのよく動き回る水星だけは誤差が大きくなってうまくいきませんでした。火星は目立つ分だけたちが悪く、一七世紀に入るまでは天文学者をも苦しめる星だったのです。

木星――夜空の王様

木星も火星のように真夜中に見えることがある惑星ですが、その動きは火星よりも控えめで、丹念に記録を取る人や注意深い人でない限り、数日単位では変化を把握できません。約一年一ヶ月ごとに巡ってくる観望シーズンのたびに、「そういえば去年と違う星座にいるな」と気がつくものです。

毎日東から昇って西へ沈む運動を無視すれば、木星を初めとした惑星の動きは、太陽と同じように黄道（→第一章　26ページ）に沿っています。また時折止まったり逆に動いたりすることはあるものの、長期にわたり観察を続ければ、平均すると惑星も太陽のように西から東へ動いているのが分かります。さて、太陽が一年すなわち一二ヶ月で黄道を一周するのに対して、木星はほぼ一二年で一周します。この偶然の関係が、昔の人々に「この惑星は重要だ」と思わせたようです。その上、木星の輝きは堂々たる黄金色。金星に次いで明るく、夜が更ければ月以外の全ての星を圧倒し、また普通の星がちかちか瞬くのに対して、ほとんど光が揺らがないのも特徴的です。

メソポタミア文明では、代表的な都市バビロンの守護神で、紀元前一八世紀ごろにメソポタミア神話の最高神に定着したマルドゥクの名が、木星をも指すようになりました。占星術が盛んになると、マルドゥクの木星はあのイシュタル女神の金星以上に幸運をもたらすと見なされるようになります。西洋の他の文明もこの影響を強く受け、ギリシア神話では最高神にして天空神のゼウス、ローマ神話では同じく最高神のユピテル（英語ではジュピター）がそれぞれ木星に割り当てられました。

十二支の巡りと木星の巡り

一二ヶ月からなる一年のさらに上に、木星が作る一二年という周期があることは、とりわけ古代中国で重視されています。戦国時代（紀元前四〇三〜紀元前二二一）には、空を一二個の「次《じ》」

十干十二支（最初の二四日[年]）

十干	甲	乙	丙	丁	戊	己	庚	辛	壬	癸	甲	乙
十二支	子	丑	寅	卯	辰	巳	午	未	申	酉	戌	亥
十干	丙	丁	戊	己	庚	辛	壬	癸	甲	乙	丙	丁
十二支	子	丑	寅	卯	辰	巳	午	未	申	酉	戌	亥

に分割する十二次というシステムが考案され、木星の位置によって年を表すことがありました。かつて木星が歳星、つまり「年の星」と呼ばれていたのはこのためです。

さて、中国では殷の時代から一二日で繰り返す「十二支」という概念がありました。日々を「子の日、丑の日、寅の日……」というように数えていくのです。木星の一二年と違って、一二日という期間と直接結びつく天文現象は存在しないので、由来はよく分かりません。また、十二支が現代のように十二種類の動物と結びつけられていたことが確認できるのはもっと新しく、秦の時代の紀元前二一七年になります。

十二支と合わせて日付を表すのに使われていたのが「十干」です（表参照）。こちらは一〇羽のカラスと太陽の神話や、旬という単位（→第一章 19ページ）と同じ起源だと思われます。十干十二支を使った数え方では、両者の一文字目を組み合わせた「甲子《こうし》」を一日目とします。二日目は二文字目同士で「乙丑《いっちゅう》」、三日目「丙寅《へいいん》」と続き、一〇日目は「癸酉《きゆう》」となります。ここで十干が一回りするので「甲」に戻り、十二支は一一文字目をそのまま使って「甲戌《こうじゅう》」が一一日目となります。一二日目「乙《いつ》亥《がい》」、一三日目「丙子《へいし》」……と続けていくと、六〇日目が十干の一〇文字目と十二支の一二文字目を組み合わせて「癸亥《きがい》」となり、六一日目で再び「甲子」に戻ってきます。

このような六〇日周期で巡る日付の表し方は、三〇〇〇年以上前の殷の時代まで遡る非常に古いものです。ずっと時代が下った戦国時代から秦（紀元前二二一〜紀元前二〇七）のころにかけて、木星の一二年周期と十二支の発想が重なり合うことで、十干十二支を使い六〇年周期で年に名前をつけるシステムが完成しました。この数え方は中国の暦法などと一緒に日本にも伝わっています。

たとえば日本史の教科書に登場する壬申《じんしん》の乱（六七二年）や戊辰《ぼしん》戦争（一八六八年開戦）、野球ファンにはおなじみの甲子園球場（一九二四年完成）などは年の十干十二支をそのまま名称にしています。また、数え年で六一歳を迎えたときに「還暦」を祝うのも十干十二支に由来します。もちろん、動物で年を表す「えと」も十二支が年に適用されたからこそ存在する概念です。あまり目立ちませんが、木星が間接的に私たちの文化に与えた影響は決して小さなものではありません。

土星——ゆっくりと歴史を刻む星

土星は他の四つの惑星に比べて暗く、動きも遅くて地味な存在です。

弱々しいイメージからか、西洋の占星術では一般的に火星に次ぐ縁起の悪い惑星として扱われました。ギリシアの神で土星に割り当てられたクロノスは、父であり初代の最高神ウラノスを鎌で傷つけて世界の支配権を手に入れたものの、「自分の子供に権力を奪われる」という予言を信じて赤子を次々と飲み込んだ挙げ句、難を逃れた末子のゼウスに駆逐されたダークなキャラクターです。それでも一時は繁栄の時代を築いたとされていることや、武器の鎌が草刈り鎌にも見立てられたことから、農業の神としての性格も持ち合わせていました。

ローマ神話で農業の神にあたるのがサトゥルヌス（英語ではサターン）です。こちらはローマ市民に大変人気があって、彼のために毎年盛大なお祭りが開かれるほどだったのですが、クロノスと習合したこと、そして土星とも結びついたことで、後世には鎌を持つ陰鬱な老人というイメージが定着してしまいました。なお近現代では鎌を持つ死神と混同されることもありますが、これには歴史的根拠がありません。

「老人の星」土星は星座の中を一周するのに三〇年近くもかかってしまいます。しかし古代中国ではこれをポジティブにとらえたらしく、時間をかけて空の各地を鎮守する星ということで「鎮星」という名前をつけました。また、人間の半生に匹敵する長い周期を持つことから、中世のペルシアやアラビアでは歴史の大きな変動に土星が関わっているという発想も生まれ、国家や王朝の交代を説明したり正当化したりする「歴史占星術」が政治利用されていたようです。

ホロスコープ占いの誕生

一見複雑で予測しがたい惑星の動きも、よく観察すれば一定のパターンがあり、計算できることが分かります。同じように、地上の自然現象や社会の変動はとらえどころがなく人々を振り回しているけれども、どこかに見極めるためのヒントがあるはずだ――こうした発想が昔の占いの背景にありました。古代メソポタミアでは、惑星の見え方、天気、物価の変動、川の水位、様々な事件を日誌のようにまとめた粘土板が多数見つかっています。これらの記録は、次に同じ惑星現象があれば地上でも同じことが起きるはずだという論理のもとで活用されたのだと思われます。

さらに、これまで見てきたような惑星のイメージも活用して、天文現象から未来を予想しようとしたのがメソポタミアの占星術です。そうした占いは元々支配者や国家のためのもので、王宮や寺院で働く天文学者兼占星術師が毎晩観測を行い、過去の資料も参考にしながら予言を告げていました。紀元前五世紀になると、ある瞬間の惑星の配置を図などで表したホロスコープ（→第三章　120ページ）を使う占いが登場します。生まれたときのホロスコープを使うことで、支配者に限らず個人でも運命を「知る」ことができるようになりました。

ホロスコープを作るためには、惑星の位置を計算しなければいけませんが、メソポタミアではもっぱら惑星が同じ動きを繰り返す周期を使うことで計算していました。たとえば金星の場合は、八年の間に五回の繰り返しがあり、そのうち宵の明星と明けの明星としては何日間ずつ出現していて、見えない時期は何日間か、といった数字が全て分かっているので、そこから惑星の位置を計算するというわけです。

惑星の動きを丸く収めるには

今でこそ私たちは視点を地球の外に移して「惑星はそれぞれの軌道の上を回っている」というとらえ方をしていますが、それが昔から当たり前だったとは限りません。たとえば古代のメソポタミアや中国では、もっぱら地上からの見え方だけが重視されたので、惑星がどんな軌道を描いているかとか、どの惑星が近くてどれが遠いかといったことを論じた記録は残っていません。

これに対してギリシアの哲学者アナクシマンドロス（紀元前六一〇ごろ〜紀元前五四六ごろ）は「地球の外」を意識して、地球を中心とした大きな円の上を月が回転し、そのさらに外側にある円の上を太陽が回っているという宇宙観を主張しています。ただし、恒星や五惑星の軌道は月の内側にあると考えていたようです。その後もギリシアの哲学者にとって惑星の軌道は重要なテーマであり続け、アリスタルコスの地動説（↓第一章　30ページ）などの様々な説が登場しました。

哲学者プラトン（紀元前四二七〜紀元前三四七）は円こそがもっとも「理想的」な図形と考え、あらゆる天体は地球を中心とした丸い軌道の上を一定の速度で動いているはずだ、と主張しました。ところが現実の惑星は星座の中を西から東へと進んでいるかと思えば逆に西へ動きますし、そのスピードも速くなったり遅くなったりしています。おまけに惑星の明るさも時間とともに変化します。この理想と現実のギャップを埋めることは彼の弟子たちに託されました。

弟子の一人エウドクソス（紀元前四〇八〜紀元前三五五）は「天球」という概念を使ってこれに挑戦しました。彼によれば、二七個の天球がタマネギのように重なり合って地球を囲んでおり、そのうち一番外側の天球には恒星が乗っかって一日に一周します。しかし太陽と月には三個ずつ、五惑星には四個ずつ天球が割り当てられて、それぞれの天球は一定速度で回転しつつも、その影響が重なり合うことで複雑な動きを再現できる、とエウドクソスは考えました。

アリストテレスはこれをさらに推し進め、天球の数を五五個まで増やし、物理的に実現可能なモデルにこだわったと言われています。しかしいくらタマネギのように天球を増やしても、惑星の明るさが変化する理由は説明できません。

なお、天体の順番に関してアリストテレスたちは明言していませんが、のちに使われるようになった配置では一番外側に星座の星々、次いで土星、木星、火星、太陽、金星、水星、一番内側の軌道を月が回っているとされています。

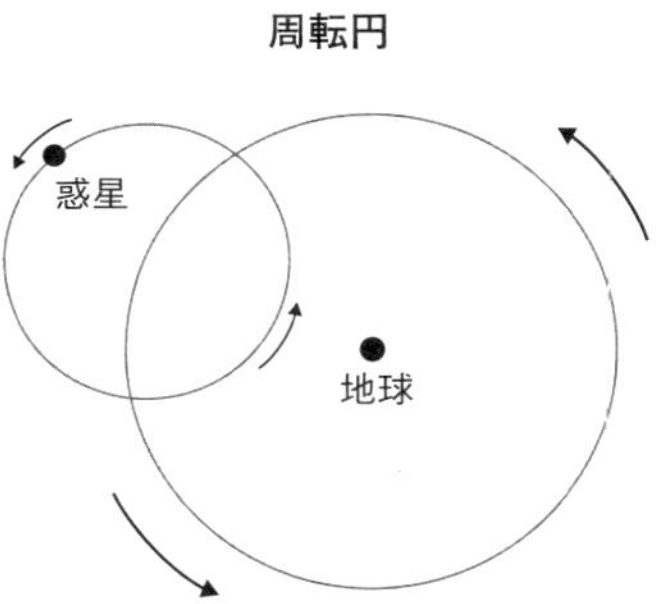

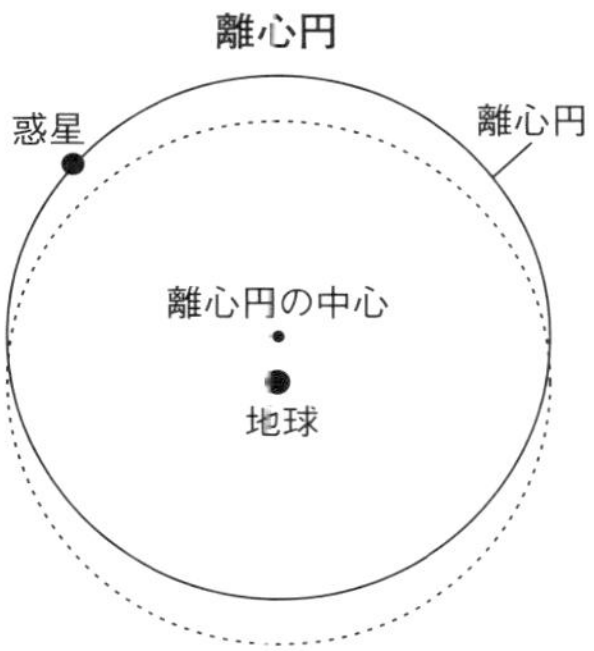

いつもより余計に回っております

第一章でも紹介したとおり、アリストテレスの世界観によれば、回転する天体たちの姿は永久に変化しません。見かけの明るさが変化するのは、惑星自体が明るくなったり暗くなったりするからではなく、地球に近づいたり遠ざかったりするからだと考えなければならないのです。この「距離の変化」と東に行ったり西に行ったりする「星座の中での移動」を同時に解決するために、数学者アポロニウス（紀元前二六二ごろ〜紀元前一九〇ごろ）は「離心円」と「周転円」という概念を導入しました。

　離心円はその名のとおり中心が地球から離れている円で、この上を回転する惑星はきれいな円運動を保ちつつも地球からの距離が変化します。一方、周転円というのはその中心自体が別の円の上を回転する小さな円のことで、この周転円の上を惑星が回転すると考えれば、惑星が地球から見てあるときは東、あるときは西に動くことが簡単に説明できます。プラトンが理想とした単純な地球中心のモデルに比べるとずいぶん余計なものを付け加えている気がしますが、観測とよく一致したのは事実です。

ところで、離心円や周転円の図を見ていると、数学の教科書の問題を思い出しませんか。実は私たちが学校で習う幾何学（図形を扱う問題）の基礎は、ちょうどこのころのギリシアで確立しているのです。惑星の軌道は幾何学の応用問題として格好の研究対象でした。占星術を別とすれば、当時の天文学では惑星の位置を計算することが中心的なテーマだったので、私たちが「ギリシアの天文学」と呼んでいるものは当時の学者からすれば「応用数学」だったと言えそうです。

もっとも偉大な「数学」の本

アポロニウスの離心円や周転円を組み合わせ、さらなる工夫を付け加えてギリシアの惑星理論を完成させたのがプトレマイオスです。彼が惑星の運動を論じた本は元々「数学の体系」や「数学全書」といった意味の『マテマティケー・シンタクシス』という名前で呼ばれていました。

時代が下って九世紀ごろにアラビア語へ翻訳されたとき、この本には『アル・マジスティー（もっとも偉大なもの）』という名前がつけられています。その名にふさわしく、イスラム文化圏における天文学はこの本なしでは語れないほどに重要な存在でした。

一二世紀になるとラテン語版が登場して広くヨーロッパに普及しました。この際に書名がなまって伝わり、『アルマゲスト』という今日でも知られるタイトルになりました。その後、実に一七世紀ごろまで『アルマゲスト』は天文学書のベストセラーとして揺るぎない地位を保っています。近代になると「地動説」が「天動説」に取って代わるのはご存じのとおりですが、このとき「天動説」と呼ばれるのは実はプトレマイオスが二世紀に完成させた惑星理論に他ならないのです。

プトレマイオスはエラトステネス（↓第一章　60ページ）と同じく大図書館で有名なエジプトのアレクサンドリアで活躍した学者です。彼は『アルマゲスト』を書くにあたり、紀元前七二一年の月食を含む古代メソポタミア人の観測記録を数多く使い、離心円と周転円を筆頭にギリシアで発達した天文学や数学から多くを引き継いでいます。その意味で、プトレマイオスは古代西洋天文学を集大成した人物と言っても過言ではないでしょう。

七つの曜日も天文学の産物

『アルマゲスト』より少し早く成立し、現代でも使われていて、プトレマイオスの名よりはるかに有名なものとして、「曜日」の概念が挙げられます。意外かもしれませんが、普段私たちが何気なく使っている七つの曜日はエジプト・メソポタミア・ギリシアの天文学や占星術が混ざり合うことで生まれたのです。

日月火水木金土がそれぞれ太陽・月・火星・水星・木星・金星・土星に通ずるところがあるのは分かりやすいですね。これら七つの惑星を神として重視したメソポタミアの占星術が曜日の出発点です。一方、第三章で解説するようにエジプトでは一日を二四時間に分割する制度と、各時間を「デカン」と呼ばれる星座が交代で支配するという思想があり、これがメソポタミアの占星術と合体して「七つの惑星が交代で二四の時間を支配する」という発想が生まれました。ここで、惑星の順番にはギリシアで最終的に使われるようになった配置、すなわち外から順に土星・木星・火星・太陽・金星・水星・月というものが用いられたのです。

曜日の順番はこうして決まった

ではこの順番で惑星を二四の時間に当てはめてみましょう。(午前)〇時から一時までの最初の一時間を支配するのは土星、一時から二時までは木星、三時までは火星、四時までは太陽、五時までは金星、六時までは水星、そして六時から七時までが月です。七時から八時は再び土星、また七惑星が巡って一三時(午後一時)から一四時が月、一四時から一五時が三度目の土星、さらに二一時から二二時がこの日四度目の土星の出番です。そして二三時までが木星、次の火星で二四時間が終わります。すると翌日の一時間目は太陽で始まりますね。あとは同じように数えてみましょう。一時間目が太陽だった次の日は月で始まり、翌日は火星、さらに水星、木星、金星、そして七惑星が一巡して再び土星に戻ってくるのが分かります。こうして七つの曜日は生まれたのです。

ここまででお分かりのように、元々一週間の初めは土曜日でした。西暦一年一月一日も土曜日に合わせられていますが、イランから中央アジアにかけての地域では太陽を重視していたため日曜日を週の先頭に据えるようになり、今の日本もこれを踏襲しています。一方、西洋では日曜日を安息日として週末に据えた結果、月曜日から一週間を始めるのが一般的です。

チューズデーとマーズの関係

ところで、日本語だと曜日と惑星の名前が一致しているのですが、英語では一部の曜日が全く惑星と対応していないように見えます。たとえば、日曜日＝サンデー（Sunday）や月曜日＝マンデー（Monday）がそれぞれ太陽（Sun）、月（Moon）とつながっているのは理解できますが、火曜日＝チューズデー（Tuesday）は火星＝マーズ（Mars）と何の関係があるのでしょうか？

ローマ帝国で使われていたラテン語では、曜日の名前は各惑星の神様からとられていましたし、ラテン語から派生したフランス語などの曜日にはその名残が見て取れます（92－93ページ表）。

火曜日	水曜日	木曜日	金曜日
Mars	Mercurius	Jupiter	Venus
マルス	メルクリウス	ユピテル	ウェヌス
dies Martis	dies Mercurii	dies Iovis	dies Veneris
ディエース マルティース	ディエース メルクリー	ディエース ヨヴィス	ディエース ウェネリス
mardi	mercredi	jeudi	vendredi
マルディ	メルクルディ	ジュディ	ヴァンドルディ
Tyr	Odin	Thor	Frigg
テュール	オーディン	トール	フリッグ
tirsdag	onsdag	torsdag	fredag
ティアスダ	オンスダ	トースダ	フレーダ
Tuesday	Wednesday	Thursday	Friday
チューズデー	ウェンズデー	サーズデー	フライデー

一方、英語はドイツ語や北欧の諸語とともに、大移動で知られるゲルマン民族の言葉がもとになっています。彼らが信じる神々はローマのものとは異なりました。地域によって多少の差異はありましたが、現代にも伝わるいわゆる「北欧神話」が彼らの信仰を代表するものだと言ってもよいでしょう。

さて、ローマ人たちがギリシアの神々を自分たちの神々と結びつけるようになったのと同じように、ローマ人とゲルマン人が交流する中で、両者の神々も混ざり合っていきました。戦争の神マルスは北欧神話に登場する勇猛な神テュール、人間界と神界を素早く行き来する知恵者のメルクリウスは死者を導く北欧神話の主神にして知識の神オーディン、雷を操るユピテル（ジュピター）は同じく雷が武

ローマの神
ラテン語
フランス語
北欧の神
デンマーク語
英語

神々と曜日

器のトール、ウェヌス（ヴィーナス）は女神フリッグとそれぞれ同一視されています。そして彼らが英語の火曜、水曜、木曜、金曜の由来となりました。土曜日だけはローマの神サトゥルヌス（Saturnus）がそのまま土曜日＝サタデー（Saturday）のもとになっています。

ホロスコープ占いを説くお経

インドには四世紀ごろまでにギリシアの方から占星術と天文学の知識が伝わっていて、このときに曜日も定着しました。七つの曜日には七つの惑星の名前がつけられ、一週間というサイクルは現在に至るまで生活のあらゆる場面で重視されています。対照的なのが中国で、七曜は伝わりはしたものの近代まで定着しませんでした。元々「十干十二支」という慣れ親しんだサイクルがあったのが理由の一つだと考えられます。もっとも、曜日の名前に当時使われていた「歳星」などの惑星名ではなく、「木火土金水」の五行を当てはめたところなどに受け入れようと工夫した跡は残っています。

ところで、インドから中国へ曜日の概念が伝わるのに一番大きな役割を果したのは、意外にも仏教の経典でした。仏教の中でも特に加持祈禱《かじきとう》などの儀式を重視する密教のために、様々な儀礼をまとめたインドのテキストが漢訳されたのですが、その中に本来仏教とは関係ないホロスコープ占いの指南書もあったのです。インド系の僧侶、不空金剛《ふくうこんごう》（七〇五〜七七四）が編纂した『宿曜経《すくようきょう》』が代表的です。「宿」は星宿《せいしゅく》（↓第三章　130ページ）つまり星座の一種を指し、「曜」は七つの惑星とそれらが象徴する七つの曜日のことなので、タイトルからして「お経」というより「占星術の本」という雰囲気がにじみ出ています。

不空は『宿曜経』だけでなく根本的な仏の教えを説いたものなど一〇〇巻以上の経典を漢訳して、中国の唐王朝に密教を本格的にもたらしました。その弟子、恵果（七四六〜八〇五）の活躍で中国の密教は最盛期を迎えましたが、その後は唐王朝の衰退とともに密教も人気を失い、曜日の概念が広まる機会も失われてしまったのです。

陰陽師 VS. 仏教系占星術師

八〇五年、最晩年の恵果を一人の留学僧が訪ねました。恵果は彼の才能を即座に見抜き、死ぬまでの半年間で密教の奥義を全て伝えたと言われます。託された経典の中にはあの『宿曜経』もありました。日本から来たその留学僧、空海（七七四〜八三五）が帰国したことで、日本に様々な密教の教えとともにホロスコープ占いや曜日の概念ももたらされたのです。その後何人かの僧が空海に続いて入唐し、様々な指南書を集めたことで理解が深まり、「宿曜道」という占星術の一派が日本に誕生しました。

平安時代といえば陰陽師（↓第四章　151ページ）の活躍が有名ですが、当時は占いや暦の制作を巡って宿曜師（宿曜道のエキスパート）が彼らと激しいシェア争いをする関係にあったようです。紫式部（九七三ごろ〜一〇一四ごろ）の『源氏物語』では帝が宿曜師に息子・光源氏の運命を占わせる場面があります。藤原道長（九六六〜一〇二七）の日記『御堂関白記』を見ると、陰陽師と宿曜師の両方からアドバイスを受けていることが分かるほか、全ての日付に曜日が記されていて、「日」だけは朱筆で書かれました。当時書かれたホロスコープもいくつか残されています。

宿曜道は鎌倉時代以降は衰退していき、江戸時代には七曜を知る者はほとんどいなくなってしまいました。再び曜日が普及したのは明治時代、西洋文明の習慣を取り入れようとする過程でのことでした。当時の日本人になじみがなかった七つの曜日をどう和訳するかが問題になったとき、一〇〇〇年前に曜日が流行していた事実が再発見されました。おかげで「日月火水木金土」の七曜はすんなりと日本に定着したのです。

地動説が必要だった理由

これまで見てきたように、私たちにおなじみの「七曜日」は惑星に由来するのですが、その背景には地球を中心として月、太陽、五つの惑星が回っているという現在の私たちのイメージからはかけ離れた宇宙観がありました。私たちが知っている、太陽を中心とした太陽系の姿はいつ確立したのでしょうか?

プトレマイオスの『アルマゲスト』に基づく天文学は中世のイスラム文化圏とヨーロッパで成熟し、惑星の位置を計算する精度は実用上問題ないレベルでした。ただ、プラトンが「理想的な宇宙像」を追い求めたことから始まったはずのモデルは、惑星の軌道一つを説明するために円の上に円を重ねたり、中心をずらしたりと実にごちゃごちゃしたものになっていたのです。このことに不満を感じて改善を試みた天文学者は何人もいましたが、その中で一番劇的な解決策を考えたのがポーランドの天文学者ニコラウス・コペルニクス(一四七三〜一五四三)でした。

その答えが地動説です。地球を含む全ての惑星が太陽の周りを回っていると仮定すれば、なるべく少ない円運動で天体の動きを説明できるのではないか、というわけです。それでも結局「惑星の動きは完全な円」という理想に縛られていたため、相変わらずいくつもの周転円が必要でしたし、当時の天動説に比べて計算精度を上げることもできなかったのですが、コペルニクスが一五四三年の死の間際に出版した『天球の回転について』は天文学を根底から変えるきつかけとなりました。

地球——太陽系の第三惑星

透明な天球の回転が惑星を動かす、という古代ギリシア以来の考えをコペルニクスも受け継いでいることは彼の著書のタイトルからもうかがえます。この「天球説」を決定的に否定したのがデンマークの天文学者ティコ・ブラーエ（一五四六〜一六〇一）なのですが、その経緯は第四章でお話ししたいと思います。ここでは、彼が望遠鏡発明以前の時代では最高の観測精度を達成した天文学者で、惑星に関してもかなり正確な観測データを残していることに触れておきましょう。

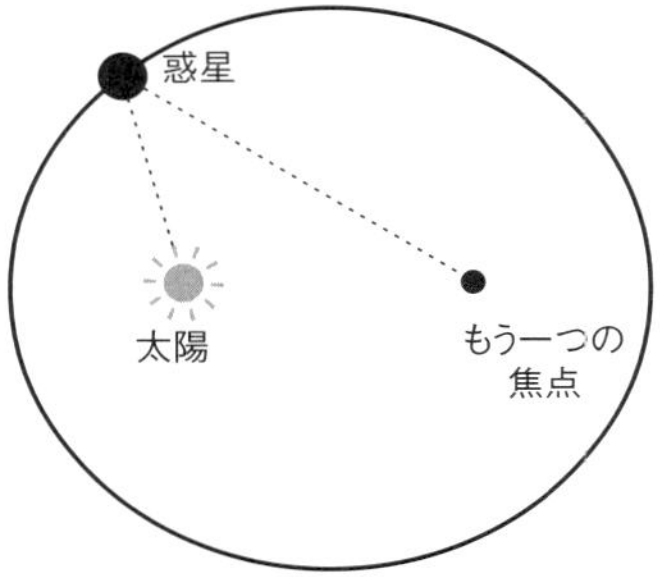

ケプラーの楕円軌道の法則
太陽は楕円の焦点の一つ。
惑星から二つの焦点までの距離の合計は常に等しい

ブラーエの記録はドイツの天文学者ヨハネス・ケプラー（一五七一〜一六三〇）に引き継がれました。そこからケプラーはついに一つ一つの惑星の動きをたった一つの円で説明する方法を見つけます。ただしその円はプラトンが思い描いたような、中心からの距離が一定の正円ではなく、距離が変化する楕円です。この楕円を導入することによって、ついに地動説はプトレマイオスの天動説を簡潔さと精度の両面で完全に上回ることができたのです。いよいよ太陽が惑星ではなくなり、地球が惑星の仲間入りをする時代が来ました。

衛星――「中心」は複数あった！

ガリレオが月を望遠鏡で見て宇宙観を変えたことは第一章で見たとおりですが、惑星の観察からも驚くべき発見が得られました。一六一〇年一月に木星へ望遠鏡を向けると、その周囲に小さな星があるのを見つけたのです。その星々は日々動きを変えていきました。観測を続け、ガリレオは全部で四つの星が木星の周りを回っているのだと結論づけました。従来の天動説によれば、回転の中心にいる天体は地球ただ一つです。しかし木星の周りを回る天体が存在したことでその前提がくつがえりました。地球が月を従えつつ、太陽の周りを回っていてもおかしくないことになります。

現在では、太陽の周りを回る大きな天体を「惑星」、その惑星の周りを回る天体を「衛星」と呼んでいます。月は惑星ではなく、地球の衛星として分類しなおされました。またガリレオが見つけた四つの天体は、一般的には「ガリレオ衛星」と呼ばれていますが、正式にはギリシア神話の大神ゼウス（木星のシンボル）が愛した女性や少年の名前であるイオ、エウロパ、ガニメデ、カリストという名称がついています。

ガリレオは木星だけでなく金星や土星も望遠鏡で観測しました。金星は月のように満ち欠けしている上に見かけの大きさが時間とともに極端に変化することが分かり、さらなる地動説の証拠となりました。また土星には大きなこぶのようなものがついている、と報告しています。これはガリレオの望遠鏡の性能が低かったため、土星を取り巻く環がぼやけて見えていたのだと考えられます。土星に環があることを初めて発見したのはオランダの物理学者クリスティアーン・ホイヘンス（一六二九〜九五）で、一六五五年のことでした。このときホイヘンスは土星の衛星タイタンも発見しています。

天王星――ついに広がった太陽系

地動説が確立し、望遠鏡が発明されてからも、太陽系の一番外側の惑星が土星であるという昔ながらの認識が変わることはありませんでした。惑星たちに新しい仲間が増えるのは、さらに時代が下ってからのことです。

一七八一年三月、音楽家としてドイツからイギリスへ渡りながらも、天文学への興味が高じて自作の望遠鏡で観測をしていたウィリアム・ハーシェルは、通常の恒星とは異なり円盤状に見える天体を発見しました。当初は新彗星と考えられましたが、軌道の計算によって土星の外側を回る惑星であることが判明します。この惑星つまり「天王星」は、一番明るいときにようやく理論上ぎりぎり人間の目で見える程度の明るさです。望遠鏡が発明されてからはいつ見つかってもおかしくなかったのですが、ハーシェルの発見以前はただの恒星と勘違いされて見過ごされていました。多少の幸運もあったかもしれませんが、ハーシェルの研究者としての才覚と望遠鏡作りの技術は確かでした。これをきっかけに彼は天文学者に転向することになり、他の章でも紹介するように数々の功績を残すことになります。

新惑星の名前について、ハーシェルはイギリス国王の名前にちなんで「ジョージの星」を提案しましたが当然イギリス国外からは反発を受け、発見者自身の名前であ

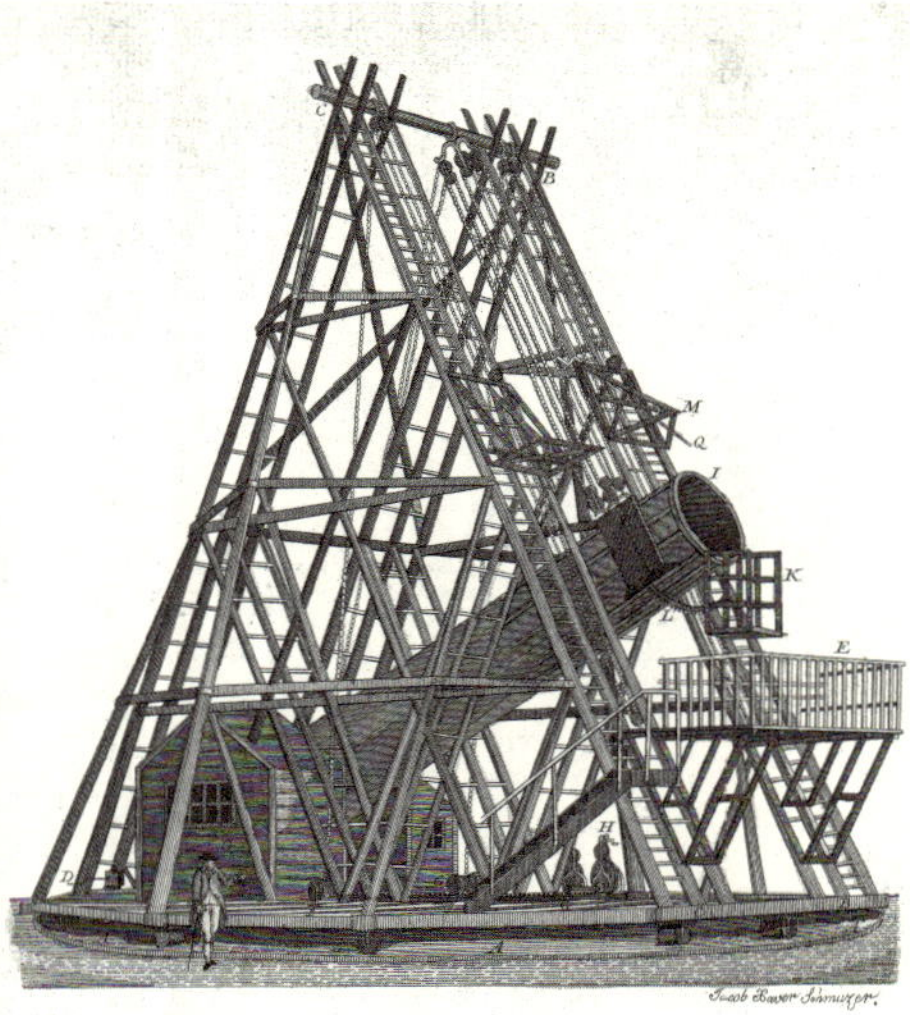

ハーシェルが作った最大の望遠鏡
1787年ごろに製作。筒の長さ:40フィート(約12メートル)
反射鏡の直径:48インチ(約120センチメートル)

る「ハーシェル」などが対案としてあがりました。その中で最後に定着したのが、ドイツの天文学者ヨハン・ボーデ（一七四七〜一八二六）が提案した「ウラノス（英語ではウラヌス）」です。ギリシア神話のウラノスはクロノス（土星の象徴）の父でゼウス（木星の象徴）の祖父なので理にかなった命名と言えます。しかし他の惑星の名前がローマ神話に基づいていて、ウラノスにもローマ神話ではカイルスという対応する神がいるにもかかわらず、ボーデがあえてギリシア神話の名を選んだ理由について確かなことは分かっていません。ちなみに東洋では、ウラノスが天の神でもあるということから中国で考案された「天王星」という訳語が使われています。

ケレス――天才数学者が拾い直した小惑星第一号

天王星に続く重要な発見は、一九世紀が始まったばかりの一八〇一年一月一日に見つかったケレスです。このケレスを皮切りにパラス（一八〇二）、ジュノー（一八〇四）、ベスタ（一八〇七）が見つかりました。これらの天体は当初は惑星のように扱われ、ギリシアやローマの神話に登場する女神の名前がつけられています。しかし、いずれも非常に暗く、火星と木星の間のよく似た軌道を回っていたことから、従来の「惑星」とは異なる天体ではないかと考えられるようになりました。ハーシェルは、望遠鏡では点にしか見えないことから「恒星のような」を意味するアステロイド（asteroid）という名称を提案し、これが今でも使われています。日本語では「小惑星」という呼称が定着しました。現在では数十万個の小惑星が、火星と木星の間の「小惑星帯」に散在していることが知られています。

ところで、この小惑星第一号のケレスには発見された後にも重要なエピソードがあります。最初にこの天体を発見したイタリアの神父で天文学者でもあるジュゼッペ・ピアッツィ（一七四六〜一八二六）は十分に観測を重ねる前に追跡を中断してしまい、発見を公表したころには、ケレスが見かけ上太陽の近くへ移動して観測不能になっていました。このままではたとえケレスが太陽から離れても再発見は困難では、と思われたときに登場したのがドイツの数学者カール・フリードリヒ・ガウス（一七七七〜一八五五）です。このときまだ二四歳だったガウスが、少ない観測データで天体の軌道を求める計算方法を考案すると、一八〇一年の大晦日にほぼ彼の計算どおりの位置にケレスが見つかったのでした。ガウスの計算法は「最小二乗法」といって、観測値との誤差がなるべく小さくなるように軌道を予測するもので、今でも新しく発見された天体の軌道を計算するときなどに使われています。

海王星——計算で予測された星

惑星を乗せる天球の存在が否定され、それに代わって宇宙の動きを支配する原理とされたのがニュートンの提案した万有引力（→第四章　163ページ、第六章　223ページ）です。それによれば、質量を持ったあらゆる物質の間には引力が働きます。しかし太陽系の中では太陽の質量が圧倒的に大きいので、基本的には太陽が及ぼす影響だけを考えれば大体の動きが説明できます。しかし一八世紀の末から一九世紀にかけて、フランスの数学者ピエール＝シモン・ラプラス（一七四九〜一八二七）やガウスたちが、太陽以外の天体からの微弱な引力による影響（摂動）を考慮に入れた精密な理論を構築しました。

ちょうどそのころ、発見されたばかりの天王星の動きに説明不能な乱れがあることが明らかになりました。イギリスのジョン・クーチ・アダムズ（一八一九〜九二）とフランスのユルバン・ルヴェリエ（一八一一〜七七）という二人の天文学者が独立に、乱れの原因は天王星の外を回る未知の惑星による摂動だと考えて、その新惑星の発見に挑戦しました。

二人とも計算の上ではほぼ正確に惑星の位置を割り出していました。しかしアダムズは観測を担当する天文官との連絡がうまくいかなかった上、悪天候にも悩まされて発見の機会を阻まれてしまいます。一方ルヴェリエにはドイツのベルリン天文台に勤めるヨハン・ゴットフリート・ガレ（一八一二〜一九一〇）という頼れる相手がいました。さらにガレの手元には非常に正確な星図（↓第三章　137ページ）があり、ルヴェリエから知らせを受けた一八四六年九月二三日のその晩に新惑星を見つけることができたのです。

新惑星の名前はルヴェリエの提案に基づきネプチューン（ローマ神話の海の神で、ギリシア神話のポセイドン）とされ、中国と日本でもこれを意訳した「海王星」が使われています。

冥王星――老人の夢と若者の根性

一九世紀末になるとアメリカが天文学の分野でも頭角を現し始めます。とりわけ、巨大望遠鏡を建設するために多額の寄付をした実業家たちの存在が大きかったと言えるでしょう。大富豪で自らも天文学に打ち込んだパーシヴァル・ローウェル（一八五五～一九一六）もその一人です。

ローウェルと彼の天文台
（1912年、アリゾナ州）

とりわけローウェルを駆り立てたのは「火星人」の捜索でした。当時、火星の表面には黒い筋状の模様が存在することが分かっていましたが、それが不自然にまっすぐに見えるので人工的に掘られた運河ではないかと主張する人々がいたのです。ローウェルは火星人説を熱心に支持して本まで出版し、さらには運河を観測するために自らの天文台まで建てました。結局、当時発達していた天体写真の技術によって火星の鮮明な写真が撮られ、幾何学的な模様は否定されましたが、ローウェルの天文熱は冷めませんでした。

　次にローウェルが目指したのは第九惑星の発見です。天王星の動きの乱れが海王星による摂動だけでは説明できないことを知ったローウェルは、これが未知の惑星Xによるものだと信じて捜索を開始しました。ただし、ずっと後になってこの乱れはただのデータ不足によるものだったことが判明しています。もちろん惑星Xの位置を計算で求めることもできず、ローウェルは成果を得られないままこの世を去りました。

　それでもローウェル天文台では彼の遺志を継いで惑星Xの捜索が続けられました。そして職員の一人、クライド・トンボー（一九〇六〜九七）が一九三〇年二月一八日にとうとう新惑星を見つけます。何万もの星を含む領域を数日間おいて二度撮影し、二枚の写真を交互に表示させる機械を使って比較する作業を一〇ヶ月間続けた末の発見でした。理論から発見された海王星とは対照的に、新技術である写真とトンボーの根性による勝利と言えるでしょう。

　新惑星の名前には当時一一歳だった少女の提案により、暗くてとらえがたい新惑星にふさわしく、ローマ神話の冥界の神の名プルートが選ばれました。アルファベットのPluto にはパーシヴァル・ローウェルのイニシャル〝PL〟が含まれているのもポイントです。ちなみに「冥王星」という和訳は文学者の野尻抱影《ほうえい》（一八八五〜一九七七）が提案しました。

機械仕掛けの開拓者と航海者

一九六〇年代以降はアメリカのＮＡＳＡなどが数多くの無人探査機を惑星へ送り込むようになりました。そのおかげで各惑星のイメージは、望遠鏡が発明されたときと同じくらいがらりと変わっています。金星の表面は美の女神のイメージとはほど遠い、硫酸の雨が降る灼熱地獄だということや、火星は乾燥していてとても知的生命体が住める環境ではない（ただし何億年も前には水が豊富に存在した時代があったらしい）ということなどが探査機からの情報で判明しました。

探査機の中には惑星たちの軌道を越えたその先を目指したものもあります。世界で初めて木星へ接近したパイオニア一〇号（一九七二年打ち上げ）と木星・土星を通過したパイオニア一一号（一九七三年打ち上げ）には、地球外の知的生命体へのメッセージを刻んだ金属板が搭載されており、両機とも太陽系の外を目指しています。一九七七年に打ち上げられたボイジャー一号と二号には世界各国の歌や挨拶を収録したレコードも搭載されています。このうち一号は二〇一二年に太陽風（↓第一章　20ページ）が及ばない距離まで到達し、史上初めての太陽系脱出を達成しました。またボイジャー二号は天王星と海王星へ初めて接近し、数多くの写真を撮影しています。

1992 QB1――デジタル時代の新地平

探査機によって他の惑星が詳しく調べられる中で、取り残されたのが冥王星でした。トンボーが見つけてから、この惑星が地球よりはるかに小さいこと、だいぶ歪んだ楕円軌道を回っていて海王星よりも太陽に近づくことさえあるなど、相当イレギュラーな存在であることは分かっていました。それでもまともに観測できないがゆえの神秘性、そして何といっても「一番外側にある天体」というステータスのおかげで、冥王星が太陽系の第九惑星であることは揺るぎようのない事実であるかに思われました。

太陽系をさらに外側へ広げたのは、またしても写真技術の発達でした。一九八〇年代ごろから、化学薬品を使う従来の撮影法に代わってデジタル撮影が導入され、現像の手間が大幅に省けるようになったほか、データの解析が容易になったのです。こうした中、一九九二年にハワイ大学のデヴィッド・ジューイット（一九五八〜）とカリフォルニア大学バークレー校のジェーン・ルー（一九六三〜）が冥王星のさらに外側を回る天体1992 QB1を発見しました。

1992 QB1の直径は一二〇キロメートル未満と、約二四〇〇キロメートルの冥王星に比べればずっと小さなものです。しかしジューイットらの発見以降、「海王星以遠天体」などと呼ばれる同種の天体が次々と見つかりました。火星と木星の間に小惑星帯があるのと同じように、海王星の外にも小天体が散らばる領域があることが確実視されると、ケレスがそうであるように、冥王星も惑星ではなく「少し大きめの小天体」なのではないか、という議論が一九九九年ごろから天文学者たちの間で繰り広げられます。

エリス――不和と争いをもたらした「第一〇惑星」

本章では、太陽系が太陽を中心としていることが判明してからの惑星の定義については漠然と「太陽の周りを回る大きな天体」としか説明してきませんでした。二〇世紀までは、この曖昧な定義でどうにかなったのです。しかし冥王星の周辺に数多くの小天体が見つかってからは、直径九五〇キロメートルのケレスを小惑星としながら二四〇〇キロメートルの冥王星を惑星として区別する根拠が必要になってきました。そこで世界中の天文学者で構成された国際天文学連合（ＩＡＵ）は「惑星の定義」を正式に決めるべく委員会を立ち上げました。

そんな中、カリフォルニア工科大学のマイケル・ブラウン（一九六五〜）がついに冥王星より大きな海王星以遠天体を発見したと二〇〇五年に発表し、世界に衝撃を与えました。「第一〇惑星発見」という見出しで発見を報じたニュースも数多く見られました。これを本当に新惑星として認めるのか、冥王星ともども除外するのかという議論は天文学界の外にも広がり、特に冥王星発見を巡るローウェルとトンボーのドラマなどを知っているアメリカでは冥王星を惑星から「降格」させることに対する反発が根強かったようです。

のちにブラウンは新天体をエリスと名づけました。ギリシア神話でトロイ戦争のきっかけを作った不和と争いの女神の名前を選んだのは、なかなかしゃれっ気が利いているとは思いませんか。

二一世紀の太陽系再編

二〇〇六年八月、国際天文学連合は「①太陽の周りを回り、②球形になるほど質量が大きく、③なおかつ自分の軌道の周囲から他の天体をきれいになくしてしまった天体」を惑星の定義として採択しました。天体の質量が大きいと、自分の重力が強いためいびつな形を保てなくなり、球形になります。この点で②の条件を満たす冥王星は他の小惑星とは区別され、惑星に一歩近づいています。

しかし冥王星軌道の周囲には、エリスを筆頭に同じようなサイズの天体がたくさん散らばっています。もし冥王星の質量が十分に大きければ、重力によって他の天体を吸収したり弾き飛ばしたりすることで③の条件どおり「きれいになくしてしま」えるはずなのですが、そこまでは至ってません。そこで冥王星は①と②の条件だけを満たした天体として、ケレスやエリスとともに「準惑星」という新しいカテゴリーに分類されることが決まったのです。

慣れ親しんだ冥王星が惑星ではなくなったことや、惑星の数が九個から八個に減ったことなどをとらえて寂しいと感じた方も多いかもしれませんが、むしろこの定義のおかげで太陽系の姿が正しく認識できるようになったと前向きにとらえてみてはいかがでしょうか。

本章ではもっぱら「太陽系の惑星」を中心として話を進めてきました。しかし、一九九五年以降は太陽以外の恒星の周りを回る惑星も見つかっていて、これらを含めれば現在では三〇〇〇個以上の惑星が知られていることになります。この経緯については第三章で述べたいと思います。また、私たちの太陽系だけを見ても、八つの惑星以外にも無数の小天体が存在していることに本章で触れました。第四章では、太陽系や地球の歴史を語る上で欠かせない役割を果たしている小惑星帯や太陽系外縁の天体にもう一度スポットライトを当てます。

第3章

星座と恒星
星を見上げて想うこと

ギリシアとエジプトの星座が混在するレリーフ「デンデラの黄道帯」
（→124ページ）

昔の人は星を避けた？

平均的な視力の人間がよく晴れた暗い夜に空を見上げると、目に飛び込んでくる星の数は実に数千個にものぼります。残念ながら、現代の街中では夜空が明るすぎるので、満天の星というのはそうそうお目にかかれるものではありません。人工の明かりが星空を支配してしまう前の世界では、人々は星々を見て何を思ったのでしょうか。

かつては多くの地域で、死者の魂が星になるという信仰があったと言われています。星が無数に見えることがこうした発想につながったのかもしれません。一説によれば、古代エジプトには魂である星々を畏れて、夜空の星を指さしてはならないという教えもあったそうです。

大昔の日本でも星を死人の魂と考えて見ないようにしていた、と考える人もいます。その根拠は、奈良時代の『万葉集』や平安時代の『古今和歌集』に星を題材とした和歌がほとんど存在しないことです。中国の影響を受けて七夕（→第五章 183ページ）を題材としたものはいくつかあり、宵の明星や明けの明星として知られる金星を詠んだ歌も何首か掲載されているのですが、星空の美しさを詠った和歌は『万葉集』では皆無で、『古今和歌集』にかろうじて数首あるだけです。夜空を照らす月が『万葉集』に一〇〇回以上現れるのとは実に対照的です。

しかし、それだけで私たちの先祖が星を見なかったと断言するのは性急というものです。第二章で紹介した「冥王星」の名づけ親の野尻抱影は明治時代から広まっていた「日本には星に関する文化がない」という定説に疑問を抱き、日本各地に伝承されていた数百種にのぼる星の和名を収集しています。

たとえば、麦の刈り入れ時である初夏に見やすくなり、熟れた麦に似た赤い色をしている星（西洋名アークトゥルス）には「麦星《むぎぼし》」という名前があり、星が釣り針のごとくS字型に並ぶさそり座は日本各地で「魚釣り星」と呼ばれていました。農民や漁師たちにとって星は季節を告げて方角を教えてくれる重要な存在だったので、全く無視されるということはあり得なかったのです。

恒星の運動は二種類

動き回る「惑星」に対して星座を形作る星々のことを「恒星」といいます。「恒」という字には「恒温動物」や「恒例」といった用例に見られるように「いつまでも変わらない」というニュアンスがあります。

恒星はお互いの位置関係を変えることはありませんが、全体としてはゆっくり回転して見えます。一日の中では、太陽と同じように東から西へとゆっくり動きます。これを「日周運動」といいます。一日経てばそれぞれの星は同じ位置に戻ってきますが、空の中を一周するのにかかる時間が二四時間よりもわずかに短いので、何日かおいて観察すると少しずつ西へずれてい

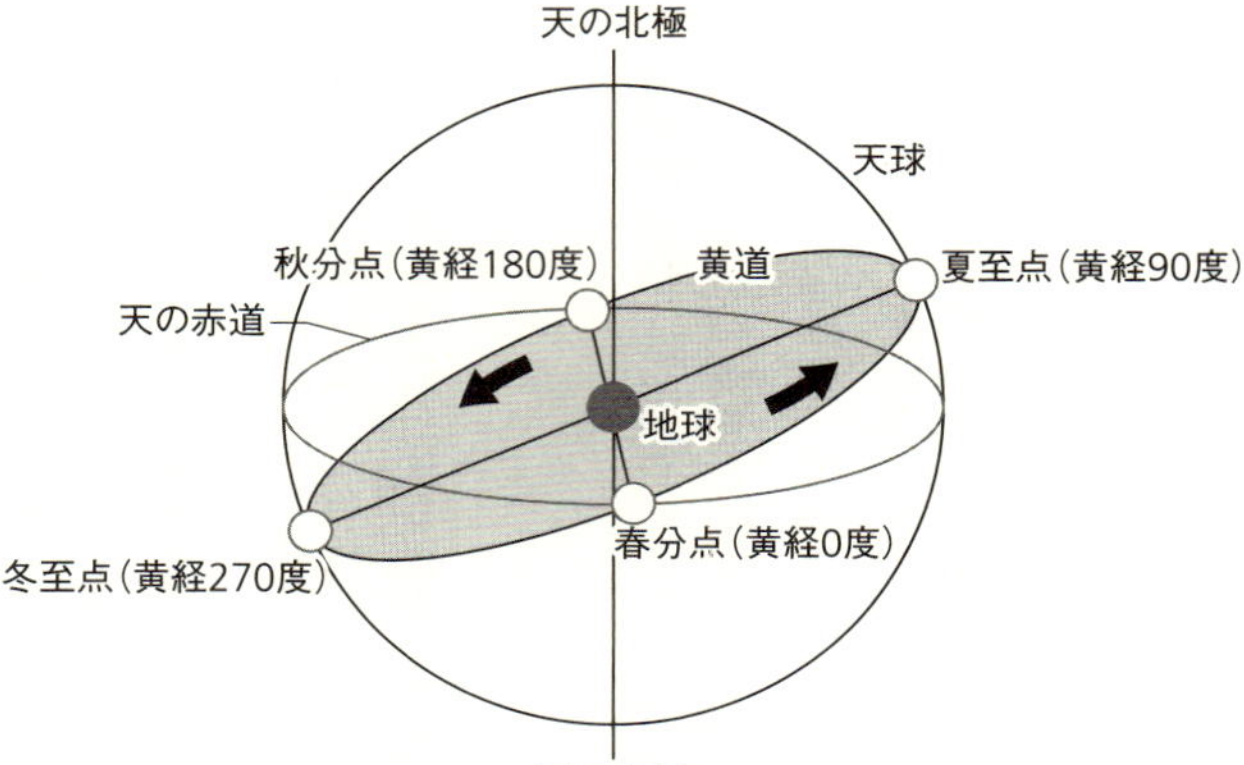

天の北極、天の南極

るように見えます。この「ずれ」も一年間蓄積すると一周して元の場所に戻ってくるので、「年周運動」と呼ばれています。日周運動の原因は地球の自転で、年周運動は地球が太陽の周りを公転することで起きています。昔の人々はそうした仕組みまでは知りませんでしたが、時計や暦の代わりに使えるありがたい存在として恒星のことをとらえていたのかもしれません。

動かない星

北半球に住む私たちから見ると、星々の日周運動は真北にある点を中心に回転しています。この点は「天の北極」と呼ばれますが、そのすぐ近くで輝いてほとんど動いていないように見える恒星が「北極星」です。そんな北極星も、厳密に言えば回転の中心である「天の北極」から少しだけずれたところにいるので、実は写真などで見れば小さく回転しているのですが、目で見ているだけではほとんど分かりません。

その反対側、北半球からは見えない位置に「天の南極」があります。そしてその中間を通るのが「天の赤道」です。地球が赤道で北半球と南半球に分かれ、北極と南極があるのと同じように、天空を内側から見た巨大な球つまり天球と見なせば北極、南極、赤道があるわけです。

北極星は常に真北にあるので方角を知るために重宝されたのみならず、他の恒星よりも「偉い」星だと見なされることが多かったようです。

北米の先住民族の一つポーニー族には北極星を「族長の星」とする伝説がありますし、中国では昔から北極星のことを天を統べる皇帝と考えていました。

中国や日本では北極星だけでなく、天の北極近くに位置する七つの星「北斗七星」が昔から重要な存在と考えられていました。この思想がインドからやってきた仏教と合わさった結果、北極星と北斗七星を神格化した「妙見菩薩」が信仰されるようになりました。今でも妙見菩薩は全国各地で数多くの寺院に祭られています。

ナイルの恵みを知らせる星

さて、方角に関しては北極星や星の動きを見ることで把握することができますが、時間はどうでしょうか。時刻か月日のどちらかが分かっていなければ、星空を見ただけでもう片方を正確に知ることはできません。そこで、恒星をカレンダー代わりに使うために昔から様々な工夫がなされました。

古代エジプト人は明け方に太陽が昇る直前の空に注目しました。東の地平線からは日周運動によって次々と恒星が昇ってきますが、日の出が近づくにつれて徐々に空が明るくなり、ある時点で昇ってくる星は見えなくなります。このとき最後に見える恒星は時季によって異なります。何日かおいてから明け方の空を観察すれば、それまでは見ることのできなかった恒星が年周運動のおかげで見えるようになるはずです。エジプトではこうした目印となる恒星、または恒星の集団を三六組選びました。一年は約三六五日なので、一〇日ごとに新しい星が東に出現するという計算になります。これらの星々は、後にラテン語で「一〇を支配するもの」を表す言葉が転じて「デカン」と呼ばれるようになりました。

そうしたデカンの一つが、全天一明るい恒星・シリウスでした。この星が夜明け直前に東の空で輝く時季は、ちょうどナイル川が氾濫して上流から肥沃な土壌を運んでくるタイミングと重なっていたので重宝されたようです。この恒星は豊穣の女神ソプデトと結びつけられて、最初にエジプトを統一したとされる王朝が現れた紀元前三〇〇〇年ごろにはすでに信仰されていました。

三六時間から二四時間へ

さて、年周運動を使えばデカンから季節を知ることができますが、日周運動を利用すれば、一日の中で順番に東から昇ってくるデカンを使って時刻を計ることもできるはずです。実際に古代エジプトには一日を「三六時間」に分けるシステムがありました。

しかし、昼間は明るくて星を見ることができないので、当然デカンを使うことはできません。日没後や日の出前もしばらくは空が明るいので、真っ暗な空で東から昇ってくるデカンを観測することができるのは平均すると一日のうち三分の一、一二デカン分だったと考えられます。あるいは別の説によれば、昼が長くなって夜が短い初夏、これはちょうどシリウスが見え始める季節でもあったのですが、この時季に見えるデカンが夕方や夜明け前も含めて一二デカンだということが重視されたそうです。

いずれにせよ、三六あるデカンのうち、夜に見えている一二のデカンだけが一二時間を計るのに使われました。残りが昼というわけですが、当時の人々は昼夜で時間の数が違うのは不便だと考えたので昼も一二時間だということにしたのです。やがて、時間を知るためにデカンを直接使うことはなくなり、昼一二時間、夜一二時間という制度だけが残りました。一日を二四時間に分ける現在のシステムはこうして誕生したのです。

常に昼が一二時間ということは、夏と冬とで「一時間」の長さが変わってしまうことになります。現代の感覚からは不便なように思えますが、精確な時計が存在しなかった時代は日の出から日の入りまでを常に一二分割した方が便利だったようです。このように季節によって時間の長さが変化する制度は、江戸時代までの日本でも使われていました。

イラクで生まれた星座たち

残念ながら、古代エジプト人がシリウス以外にどのような星をデカンとして使っていたかはあまり分かっていません。しかし、現在のイラクでかつて栄えたメソポタミア文明で成立した星座に関しては比較的よく知られています。なぜなら、それこそが現在私たちが使っている主な星座の起源だからです。

紀元前三〇〇〇年ごろにこの地域で作られた印章などの図案には、雄牛やライオン、さそりなどがよく登場します。これらは「おうし座」「しし座」「さそり座」の原形ではないかとも言われています。紀元前一三五〇年ごろから盛んに作られるようになった境界石（↓第二章　74ページ）には、上半身が弓矢を構えた人間で下半身が四つ足の獣であるパピルサグや、上半身が山羊で下半身が魚という化け物などの姿もよく刻まれました。これらはそれぞれ「いて座」と「やぎ座」の起源と考えられます。

以上で挙げた星座は、いずれも太陽の通り道である黄道の上に位置しています。メソポタミ

メソポタミアの境界石に刻まれたパピルサグの一種
いて座のように4本足で描かれることが多いが、ここでは鳥のような下半身。(ルーヴル美術館所蔵)

アの人々はこうした星座を全部で一二個作って、惑星の位置などを記録する目印としました。一二個なのは、おそらく一年が一二ヵ月であることと対応させたのだと思われます。また、黄道の一二星座以外の場所にも、現在でも使われている「わし座」や「みずへび座」などのもととなる星座が設定されていたことが、当時の粘土板から明らかになっています。

「星座」と切り離された星占い

メソポタミアの星座は空の方向を示すために使われました。特に黄道上の一二星座は月や惑星、そして太陽の位置を表すのに用いられています。しかし、空に輝く星々は規則正しく並んだものもあれば、あまり目立たないものもあります。黄道を一二分割するのに使われる目印がそろっていないのは不都合でした。

そこで、紀元前五〇〇年ごろに「黄道一二宮」という概念が発明されました。これは現実の星の並びにとらわれずに、黄道を機械的に一二等分したものです。開始点には太陽が春分の日に位置する点である春分点が選ばれました。春分点は黄道と天の赤道が交差する点でもあります（114ページ図）。太陽が赤道よりも天の北極に近い所にあれば、北半球ではそれだけ昼が長くなりますし、天の南極に寄れば夜の方が長くなるからです。

この春分点から東に一二分の一周、つまりおよそ一ヶ月で太陽が移動する区間は元々「おひつじ座」があった天域に近いので同じく「おひつじ」と呼ばれます。ただし星座とは異なりますので、ここでは「おひつじ宮」と記すことにしましょう。占星術では「白《はく》羊《よう》宮《きゅう》」と呼ばれることもあります。

「おひつじ宮」の次の一二分の一周は「おうし座」に近かったので「おうし宮」または「金牛《きんぎゅう》宮《きゅう》」、その次は「ふたご宮」または「双《そう》子《じ》宮《きゅう》」、というように一二個の宮が定められています。

一二星座に代わって一二宮を導入したことで、天体の位置を計算するのが楽になりました。それ以来、誰かが誕生したときなどの重要な瞬間に太陽と月と五惑星がそれぞれどの宮にいたかをまとめた一覧や図が盛んに作られるようになります。これは「ホロスコープ」といって、人の運命などを占うのに使われました。これこそが西洋の占星術、そして今も「星占い」と呼

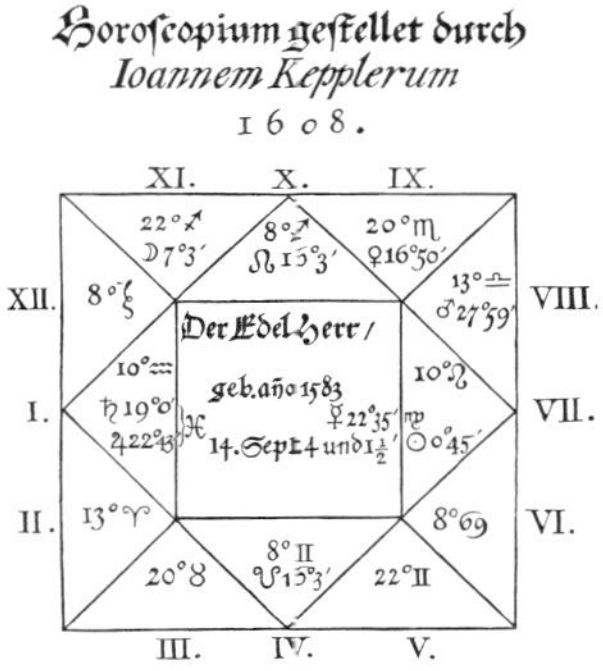

西洋のホロスコープ
占星術師でもあったケプラー（→第四章 162ページ）が1608年に作成。

ばれるものの起源です。

交代する北極星

一二宮と一二星座が切り離されたことで、思いがけないことが起こりました。後にギリシアの天文学者ヒッパルコス（紀元前一九〇ごろ～紀元前一二五ごろ）が、春分点が黄道の中を徐々に移動する「歳差」と呼ばれる現象を発見したからです。これは、時間とともに黄道上の「おひつじ宮」が星空の中の「おひつじ座」から外れていくことを意味します。

一二宮が成立してから二五〇〇年以上経った現在では、春分点は「おひつじ座」の西隣にある「うお座」の中にあり、春分点から始まる「おひつじ宮」はほぼ全体が「うお座」の中にあるなどすっかりずれてしまっています。このずれは時間とともに大きくなって、春分点は二万六〇〇〇年で黄道を一周して元の位置に戻ってきます。

このような歳差はなぜ起こるのでしょうか。

地球が太陽の周りを回る軌道は安定しているので、地球から見た太陽の通り道つまり黄道そ

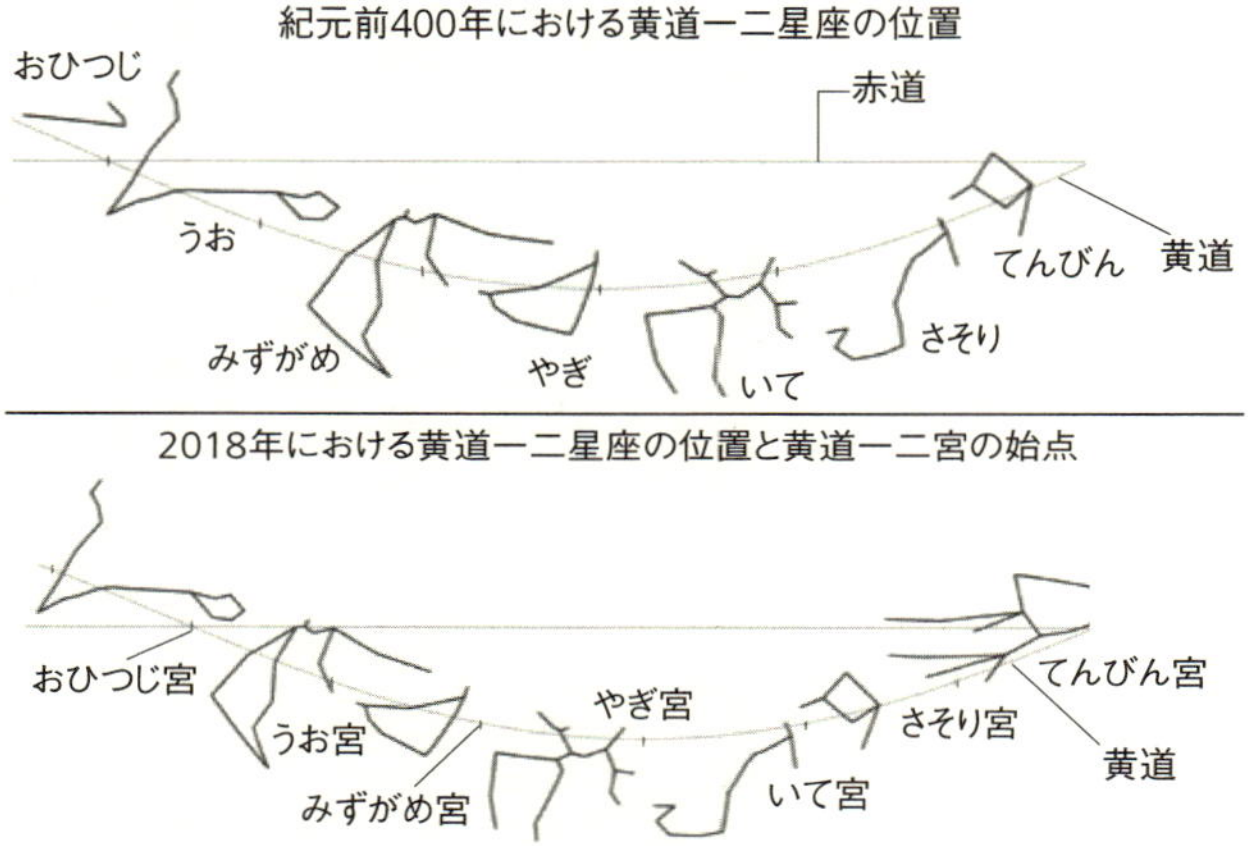

紀元前400年における黄道一二星座の位置

のものは変化することがありません。一方、地球の自転は短期的には変化がないように見えますが、長い目で見ると回転の軸がゆっくりと動いています。コマを回すと、軸を中心に高速で回転する一方でその軸も首を振るようにゆっくり回る様子を観察できますが、地球にも同じことが起きているのです。この地球の首振り運動は二万六〇〇〇年で一周します。それに伴い天の北極や南極、赤道も背景の恒星に対して移動するので、天の赤道と黄道が交わる点である春分点も移動するというわけです。

天の北極が動くということは、北極星も代わってしまうことを意味します。現代の北極星は、たまたま地球の自転軸が向いている方向にあるだけです。五〇〇〇年ごろまでは、天の北極に一番近くて明るい恒星は別の星でした。そして今から一万年以上もすれば、七夕の織姫星として知られる星、ベガが北極

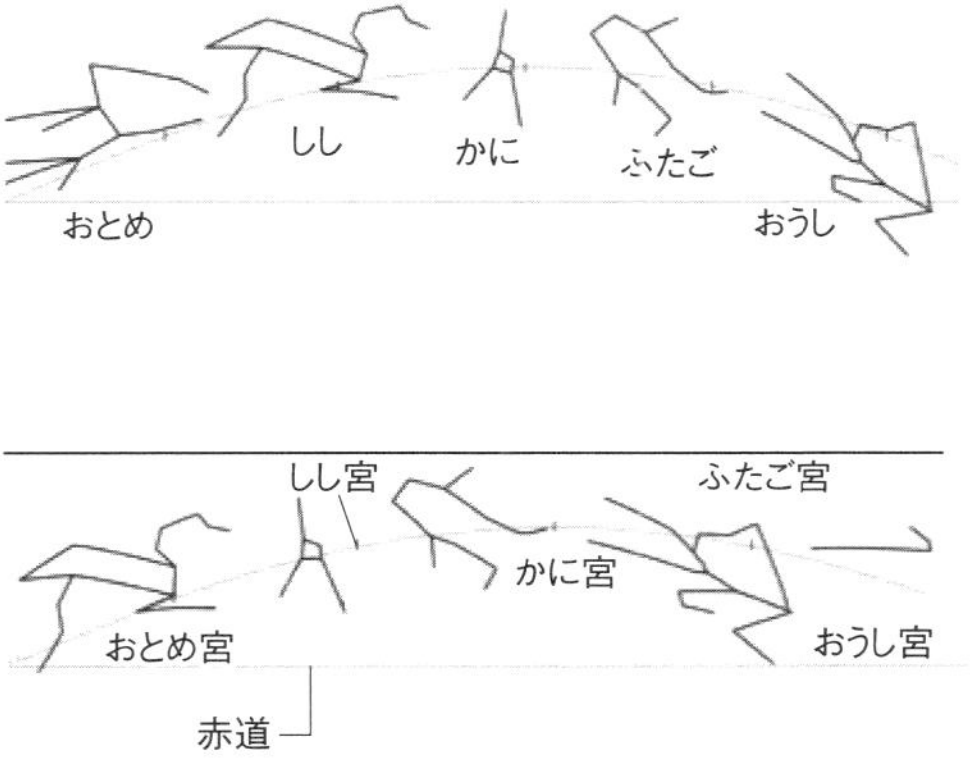

StellaNavigator10　©1992-2016 AstroArts Inc.

移動する星座

星になると計算されています。

「一三星座占い」は必要?

現代でも、太陽が「やぎ宮」の方向にある時季に生まれた人を「やぎ座生まれ」というように、メソポタミアで誕生した占星術の名残があります。しかし、すでに説明したように「やぎ座生まれ」とは言っても本当は「やぎ宮」を指しているので、やぎ座生まれの人が誕生したときには太陽は基本的にやぎ座の方向にはありません。ただし、太陽がすぐ近くにいることに変わりはないので、誕生日に自分の誕生星座を見ることはできません。

時折、歳差で星座が移動したことを理由にして「実際の星座の位置と誕生星座を一致させた方がいい」という主張を聞くことがあります。その場合、従来の一二星座には含まれていない「へびつかい座」という星座が黄道の上に位置しているので、これも含めて一三星座を使うべきだと言われることもあります。

しかしながら、本章でこの後説明するように「星座の境界線」というものが決められたのは一九二八年とごく最近です。それを二五〇〇年前に成立した星占いと合わせようとするのは無理があります。そもそも、現実の星座と誕生星座を一致させようとするのは、恒星の配置に縛られないようにと一二宮を設定した古代の人々の知恵を無視しているようなものではないでしょうか。星占いを信じるか信じないかはともかくとして、誕生星座の背景にこのような歴史があることを知っておくのも悪くありません。

星座と言えばギリシア神話なのはなぜ？

メソポタミアで誕生した星座は周辺の地域に伝わっていきました。エジプトにも外来の黄道一二星座と土着の星座が混在した星座図「デンデラの黄道帯」（↓111ページ）が残っていますが、何より特筆すべきはギリシアへの伝播でしょう。この地で星座が定着して、多少のアレンジを加えられつつ神話と結びついたからです。

星座がギリシアに入ってきたのはかなり古く、紀元前八世紀に成立したホメロス（生没年不詳）の叙事詩『オデュッセイア』や『イリアス』にはすでに星座が登場しています。そして紀元前三世紀に活躍した詩人アラトス（紀元前三一五ごろ～紀元前二四〇ごろ）の詩集『パイノメナ』には現在知られている代表的な星座が出そろっており、神話と結びつけられていました。歳差を発見したヒッパルコスは、天文学者として星座の一覧をまとめたことでも知られています。このとき、彼は恒星の中で特に明るいものを一等星、肉眼で見えるぎりぎりの明るさのものを六等星と呼び、その中間のものを二等星、三等星……と区分しました。

ヒッパルコスが作ったリストは現存していませんが、プトレマイオスがこれをもとに四八個の星座とそこに含まれる一〇二二個の恒星を一覧にして『アルマゲスト』に載せています。四八星座には数え上げられていないものの『アルマゲスト』で言及はされているものとして「かみのけ座」があります。また、ギリシア神話に登場する船「アルゴ号」を描いた「アルゴ座」の領域は大きすぎるという理由でずっと後になってから「りゅうこつ座」「ほ座」「とも座」「らしんばん座」に分割されています。もちろん羅針盤はプトレマイオスが活躍した時期には存在しなかったものですが、これを別にしても、現在使われている八八個の星座のうち五一個もの星座がプトレマイオスに由来すると言うことができます。

太陽がいっぱい

ギリシアで確立した天球説（↓第二章　86ページ）によれば、恒星は全て土星の外にある一番外側の天球に張り付いているものとされています。全ての恒星は地球から同じ距離にあるのが前提となっていました。また、このモデルでは仮に地球が太陽の周りを回っていたとすれば、地球から見た恒星もそれに合わせて動かなければいけません。肉眼で観測する限りそうした変化は決して見ることができないため、長らく天動説を擁護する根拠とされていました。

のちにイタリアのジョルダーノ・ブルーノ（一五四八〜一六〇〇）はコペルニクスの地動説（↓第二章　96ページ）にヒントを得て、星座を形作る恒星たちは実は太陽の仲間であり、ばらばらな距離にあって、それぞれの周りを惑星が回っていて生命も存在しているのだという斬新な説を主張しました。

しかし、ブルーノの思想には十分な観測的根拠があったとは言いがたく、しかも当時のカトリック教会にとってあまりに過激だったため、彼は異端者と見なされて火あぶりの刑に処されてしまいました。一説によれば、ガリレオが宗教裁判で最後までは争わずに地動説などを撤回したのは、ブルーノのようになることを恐れたためだとも言われています。

イスラム風のオリオン座

『アルマゲスト』のギリシア天文学が大いに研究されたイスラム文化圏では、当然プトレマイオスの四八星座も使われました。ペルシアの天文学者アッ＝スーフィー（九〇三〜九八六）は

『アルマゲスト』の表をさらに詳しくした『星座の書』を著し、星座の普及に一役買っています。そこには彼自身の観測によって星が加えられた他に、アラビア独自の星の伝承なども盛り込まれているので大変貴重な資料となっています。特筆すべきは、『アルマゲスト』が星座を言葉でしか表していないのに対して、全ての星座を図で表したことでしょう。

アッ＝スーフィー直筆の写本は現存していませんが、『星座の書』は何度も図とともに書き写されており、当時の星座のイメージをうかがい知ることができます。オリオンやペルセウスなど星座になった人物のポーズはプトレマイオスの記述に忠実なのですが、服装や容貌は頭に布を巻いていたり髭《ひげ》を生やしていたりするなど、すっかりアラビア風あるいはペルシア風になっています。

やがて『アルマゲスト』がヨーロッパに伝わると、プトレマイオスの四八星座も逆輸入されました。さすがに星座絵は古代ギリシア風に逆戻

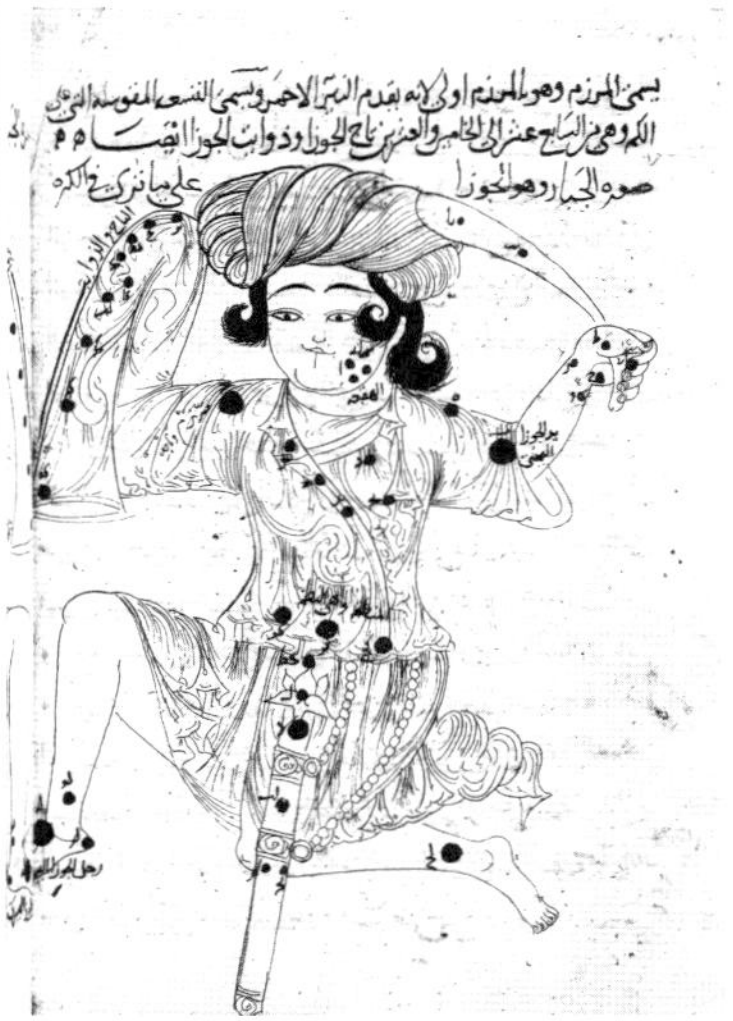

『星座の書』のオリオン座
1266年～1267年現在のシリアあたりで作成された写本より

りしましたが、アラビアの痕跡は恒星の名前に残されています。

星の名前はアラビア語から

プトレマイオスは恒星を指し示すのに「オリオン座の足にある星」や「はくちょう座のしっぽにある星」といった言い方をしました。これはアッ＝スーフィーらにも受け継がれましたが、彼らがアラビア語で書いた記述がいつしか恒星の固有名として定着し、ヨーロッパで発音がなまるなどした結果、今では「オリオン座のリゲル」や「はくちょう座のデネブ」となっているのです。

固有名の中にはアラビア独自の伝承を反映したものもあります。わし座の一等星アルタイルの両隣には暗い星が一直線に並んでおり、『アルマゲスト』が伝わる以前から翼を広げた鷲に見立ててアラビア語で「飛翔する鷲」を意味する「アン＝ナスル・アッ＝ターイル」という名前がありました。この「アッ＝ターイル」が「アルタイル」の由来です。一方その近くに輝くこと座の一等星ベガは、近くの星とともに小さなVの字を形成しているため、翼を上げて「降り立つ鷲」、「アン＝ナスル・アル＝ワーキ」と呼ばれていたうちの「ワーキ」がなまって「ヴェガ（ベガ）」になったものです。

東洋で大変身した一二宮

もう少し東にも目を向けてみましょう。占星術が「曜日」の概念とともにギリシアからインドや中央アジアへと広がり、やがて中国そして日本にもやってきたことは第二章でもお話ししたとおりですが、黄道一二宮もまた東洋へと入ってきていました。

しかし一二宮は現実の星座と切り離されていたので、その描き方は星の並びにとらわれることなく、描き手の想像力に委ねられました。「いて座」とそれをもとにした「いて宮」あるいは「人馬宮」は、西洋ではギリシア神話に登場する半身半馬のケンタウルスの姿なのですが、そのような伝説は東洋にはありません。

インドでは「射手」すなわち「弓を射る人」がただの「弓」と解釈されて、一二宮を描いた図像では弓矢として描かれています。中央アジアでは「人馬」を「馬を引っ張る人」と解釈した絵も発見されています。この他、「ふたご」は東洋では一般に夫婦として描かれ、「おとめ」は元々一人の女性を象《かたど》った星座だというのに、中国や日本では「双女宮《そうにょぐう》」と呼ばれ二人の女性に変化してしまいました。

やぎ座に至っては、「半分山羊で半分魚の怪物」という情報がインドで中途半端に解釈された結果、「山羊の宮」と「魚の宮」の二つが同居していることにされた挙げ句、いつの間にか山羊の方は忘れられて魚だけが残りました。「うお宮」があるにもかかわらず、です。インドの神話にはマカラと呼ばれる魚の怪物が登場するので、「やぎ宮」は「マカラ」とも呼ばれるようになりました。この発音が中国や日本にも伝わったので、今でも「やぎ宮」は「磨羯宮《まかつきゅう》」と言い表されることがあります。

日本各地の密教系の寺院には、天体などを神格化した姿が描かれた「星曼荼羅」が残されています。この星曼荼羅の多くには、長い旅路を経てすっかり変化した一二宮の姿が描かれています。

愛妻を訪ねる月の旅

さて、黄道沿いには月の経路である「白道」（↓第一章 26ページ）も通っています。月は太陽と同じくらい注目された天体ですから、黄道一二宮の「月バージョン」とでも言うべきものが作られたのも必然と言えるでしょう。日本語ではこれを「星宿」と呼びます。月が一晩ごとに、ある決まった星々が作る宿に泊まっていくというイメージです。

月の満ち欠けは約二九日半で一周しますが、その間に年周運動で背景の星々が移動するので、ある星座の方向に位置していた月が同じ星座の所に戻るまでの時間はもう少し短く、およそ二七・三二日となります。これを切り上げて二十八組の星のグループを選べば「二十八宿」、切り捨てれば「二十七宿」となります。

インドでは紀元前八〇〇年ごろに成立した『シャタパタ・ブラーフマナ』というテキストの中に二八個の星宿の名前が確認できます。当初は実際に空に見えている星を目印にしていたようですが、いつしか黄道一二宮のように、星座を無視して空を等分する方式が好まれるようになりました。さらに星宿は一つ減らされ、今日に至るまで二十七宿を使うのがインドの伝統です。

ところで、インドでは一般に月は男性神とされています。そのため、二十七宿は月と結婚した二七人の妻とも見なされました。月は一晩ごとに一人の妃と会うというわけです。その中でもローヒニーがお気に入りだったので、月がローヒニー宿に位置していると結婚に吉、などといったように星宿は日常生活のあらゆる場面で曜日などと同じくらい重要なものとされています。インドで発達したホロスコープ占いが日本でも宿曜道《すくようどう》としてもてはやされたことは第二章でもお話ししたとおりですが、この「宿」は星宿、「曜」は曜日を指しています。

祇園祭に潜む星座

中国では紀元前五世紀にはすでに二十八宿が確立していました。中国戦国時代の諸侯の一人で、紀元前四三三年前後に埋葬されたと推定される曾侯乙《そうこういつ》の墓から、二十八宿の名前を書いた漆箱が出土しているからです。この二十八宿がインドの星宿と起源が同じなのか別なのかは不

星曼荼羅の一種（江戸時代前半、作者不詳）　一二宮は描かれていないが、擬人化（擬仏化?）された二十八宿が星宿の形と共に阿弥陀仏を囲んでいる。
©bridgemanart/amanaimages

明ですが、中国ではインドと違って実際の星の並びを使うことにこだわり続けました。一番幅が大きな宿と一番狭い宿との間には実に二〇倍以上もの隔たりがあります。これでは月がそれぞれの星宿に滞在する時間はばらばらになってしまいますが、それでもかまわずに天体の位置を表すために使われました。

もう一つの特徴は、中国の星宿は黄道でも白道でもなく、天の赤道を基準に設定されていることです。実際に選ばれた星々の中には赤道よりも北や南に外れたところに位置しているものも多いのですが、それぞれの宿の広がりに応じて天の赤道を不均一な二八個の部分に分けて占いや様々な計算に用いるということが行われました。

二十八宿は古くから日本にも伝えられ、天文で使われるにとどまらず、装飾のモチーフにされることもあったようです。たとえば、祇園祭で京都の街を巡行する山鉾の一つ、長刀鉾《なぎなたほこ》の内部の天井には、大きな鋲で二十八星宿が描かれています。

中国星座は天上の国家

二十八宿だけが中国の星座ではありません。古くから全天に独自の星座体系が設定されており、司馬遷《しばせん》（紀元前一四五ごろ〜紀元前八六ごろ）の『史記』には合計二七三個もの星座が記載されています。これら中国の伝統的な星座は「天官《てんかん》」と呼ばれました。その名が示すように、天官は皇帝である北極星を中心に「宮廷」とそこで働く「官僚」らを描き、全天で一つの国家を形成しています。メソポタミアとギリシアの星座が様々な伝統と神話をごちゃ混ぜにしているのとは対照的です。

中国の天官は天の北極に近いほど高い身分で、北極星の近くには皇帝の側近や妃がいます。宮廷は壁で囲まれていて、外には庶民が住む町の領域まで用意されています。天の赤道付近に配置された二十八宿よりも外になると「天厨（天の台所）」や「厠《かわや》（トイレ）」など生活感の漂う天官が登場します。

天官は中国から朝鮮に伝わり、やがて日本にもやってきました。七〇〇年前後に造られたと推定される奈良県のキトラ古墳では、その石室内部の天井に星を金箔で描いた全天の星座図が見つかっています。その配置から、星座図の元になった観測地は日本ではなく、西暦三〇〇年前後の中国北部や四世紀後半の朝鮮などとする説があります。

庶民の間では、すでに見たように農業や漁業などにちなんだ独自の星座が使われていたのだろうと想像されますが、日本の朝廷などでは長らく中国の天官がそのまま使われていました。ずっと後の江戸時代になってから、初めて日本における改暦を実現した渋川春海（↓第一章 56ページ）が日本独自の天官を付け加えています。

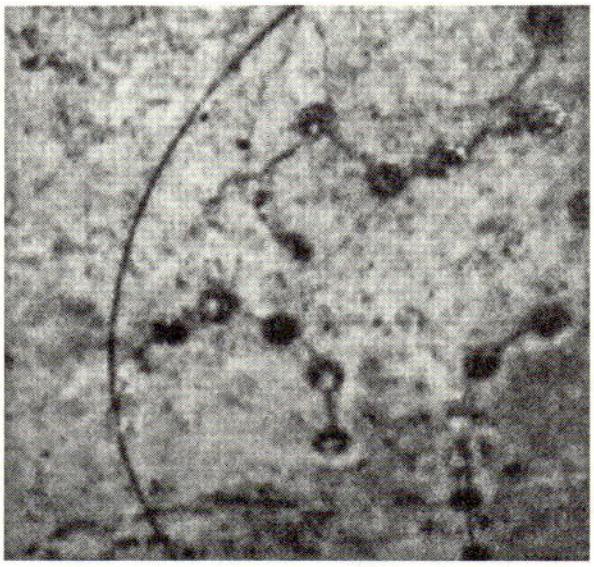

キトラ古墳の星座図（部分）

星に導かれて旅する人々

世界中のどの地域にも、何らかの星座が存在しただろうと考えられますが、地域から地域へと大きく移動する人々にとって星座はさらに重要な意味を持つものでした。

太平洋の島々に住む人々は、かつて東南アジアからカヌーなどに乗って新天地を求めた航海者たちの子孫だと言われています。今から三〇〇〇年前にはすでにトンガやサモアに到達しており、最終的にはハワイやイースター島まで広がりました。島と島の間が一〇〇〇キロメートル以上離れている場合があることを考えると、驚異的な航海術です。そこでは天体観測が大いに活用されました。

タヒチからハワイへ航海するときは、うしかい座の一等星アークトゥルスが使われたようです。この星はハワイ語では「幸せの星」を意味する「ホクレア」と呼ばれていますが、その名を冠したカヌー「ホクレア号」が一九七五年に建造されて以来、次々と長距離の船旅を成功させて、恒星を目印にする伝統的な航海法が実用的だったであろうことを実証しています。

星空のナビゲーションが必要となるのは海上だけではありません。サハラ砂漠の遊牧民の間では、一つ一つの星をラクダに見立てるなどして、見渡す限り砂しか見えない世界での目印としてきました。研究者たちのフィールドワークによれば、そうした伝統は今でも北アフリカで生きているそうです。ちなみにアラビア半島でも大昔には星からラクダを連想していたようで、アッ＝スーフィーの『星座の書』でも言及されています。

近代の新星座ブーム

さて、大航海時代（一五世紀～一七世紀半ば）以降のヨーロッパでも、海路で迷わないためのナビとしての天体観測が重要になりました。イギリスやフランスは一七世紀に相次いで王立天文台を建設しますが、その背景には天文学の力で海上の覇権を握りたいという意図があったのです。

船乗りたちが盛んに南半球へ進出するようになると、ヨーロッパでは見られない南天の星々が「発見」されました。自ずと、新しい星座を作る必要性が出てきました。さらに望遠鏡が天体観測に導入されたことで、それまでの肉眼による観測では見えなかったような暗い星が次々と見つかります。その結果、プトレマイオスが設定した星座と星座の間の、かつては何もなかった天域にも新たに星座を設定する天文学者たちが現れました。

新しく制定された星座には、その経緯を反映して、「ぼうえんきょう座」や「とけい座」のように科学を象徴する器具などをモチーフにしたものや、アメリカの先住民を描いた「インディアン座」や風鳥つまり極楽鳥を象った「ふうちょう座」のように航海士たちが見た珍しいものを星座にした例が数多くあります。

中には遊び心にあふれた星座もあります。オランダの天文学者で地図製作者のペトルス・プランシウス（一五五二～一六二二）が南天に新たに制定した一二個の星座の中には「カメレオン座」があるのですが、その頭の方向には「はえ座」というのも置かれました。あまりにも狙ったような位置にあるので、カメレオンが蠅《はえ》に向かって舌を伸ばしているかのように描いた星座絵もあるほどです。カメレオンと蠅が登場する神話のようなものが用意されているわけではないのですが、プランシウスが一体何を考えてこんな配置にしたのか、知りたいものですね。

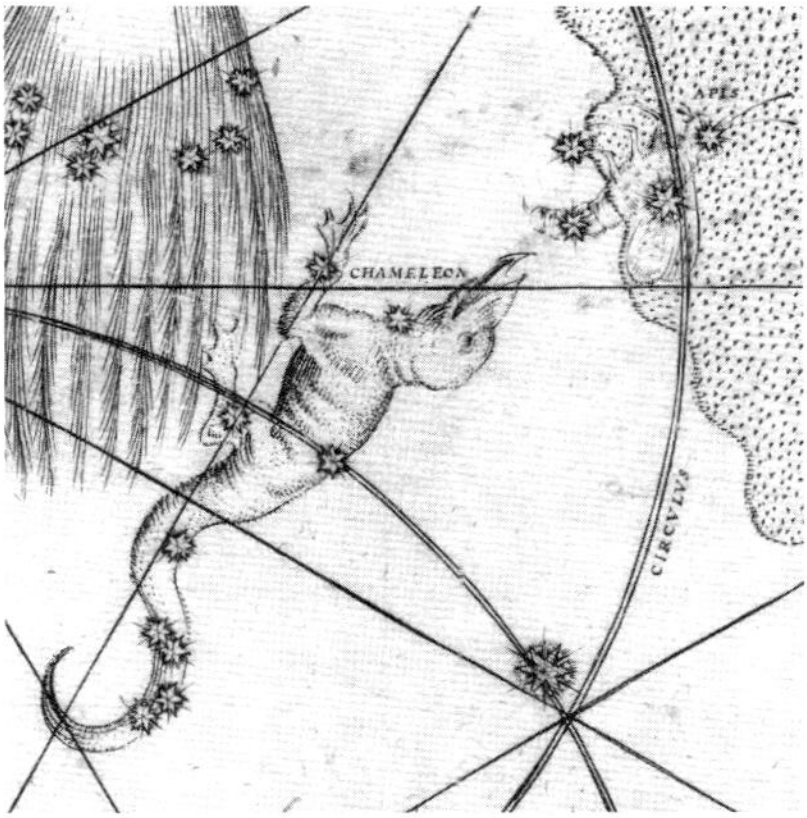

「カメレオン座」と「はえ座」
『ウラノメトリア』に描かれていたもの

兄より明るい弟

さて、『アルマゲスト』が四八星座に加えてそこに含まれる恒星をまとめていたように、近代の天文学者はただ星座を新設するだけでなく、恒星の一覧も更新しました。ドイツの法律家ヨハン・バイエル（一五七二〜一六二五）は一六〇三年に星座絵入りの全天星図『ウラノメトリア』を出版して、その中で星座中の恒星に目立つものなどから順番にギリシア文字のα、β、γ……と符号をつける「バイエル符号」を考案しました。また、イギリスの天文学者ジョン・フラムスティード（一六四六〜一七一九）が作った星表では西に位置する恒星から順番に通し番号「フラムスティード番号」がつけられています。

この「バイエル符号」と「フラムスティード番号」は現代でもよく使われています。たとえば「ふたご座」ではギリシア神話上の兄にあたる星カストルが「α星」で、弟のポルックスは「β星」です。またフラムスティード番号ではそれぞれ「ふたご座六六番星」「ふたご座七八番星」となります。

やがて、星の明るさも以前より高い精度で測ることができるようになりました。そこで微妙な違いに対応するために、以前のような一等級から六等級までの大ざっぱな区分ではなく、基準を決めた上でさらに細かく小数点以下の数値も記録されています。ふたご座α星のカストルは兄ですが一・五八等なので四捨五入すると二等星になってしまい、一・一四等もある弟でβ星のポルックスよりも暗い星です。一等より明るい場合は〇等、さらにはマイナス等級も使うことになりました。全天で一番明るい恒星のシリウスはマイナス一・四六等、金星は一番明るいときで約マイナス四・六等、満月はマイナス一二・七等で太陽はマイナス二六・七等もあります。

恒星も動いていた

彗星（→第四章　152ページ）の研究で知られるイギリスの科学者エドモンド・ハレー（一六五六〜一七四二）は、自分が観測した恒星の位置を古代ギリシア時代の記録と比べた結果、いくつかの星が歳差とは別に移動していることを突き止めました。その動きは「固有運動」と呼ばれ、恒星によって方向も度合いもばらばらなので、非常に長い時間、具体的には数万年単位では、星座の形が崩れていきます。こうなると、もはやプトレマイオスが主張したように全ての恒星が同じ天球上に貼りついていると考えるのは無理があります。

ところで、地動説に対する素朴な反論としては「地球が回るならそれに合わせて恒星も動いて見えるはずだ」というものがあったことをすでに紹介しました（→第一章　31ページ）。夏の地球と冬の地球は、太陽を挟んで軌道の直径分だけ離れた位置にあります。もし恒星が有限の距離にあれば、一年間で見かけの位置も変動するはずでしょう。しかも、遠い恒星ほど変動が小さいはずです。これを「年周視差」といいます。

太陽の光は約八分半で地球に到達しますが、太陽以外の恒星は一番近い星でも四年以上かかります。ちなみに光は一年で一〇兆キロメートル近い距離を旅しますが、その長さは一光年と呼ばれています。私たちが見ている星座の星々までの距離は、近くて四光年、遠いものでは一〇〇〇光年以上。これだけ離れていると、年周視差も微々たるものです。

地球の軌道をうんと縮めて、夏の地球があなたの左目、冬の地球があなたの右目の位置にあるとしましょう。目の前に立てた人差し指を左右の目で交互に見れば位置がずれるので距離感がつかめますが、一〇キロメートルも離れた建物のズレを認識できる人はいませんね。しかし、それが私たちに一番近い恒星の年周視差なのです！

極めて精度の高い望遠鏡と測定器具を使い、恒星の年周視差を初めて測ることに成功したのはドイツの天文学者フリードリヒ・ヴィルヘルム・ベッセル（一七八四〜一八四六）で、一八三八年のことでした。天文学者たちはあらためて、どれだけ恒星の世界が広大なものであるかを実感したのです。

赤い星と青い星、熱いのはどっち？

一八世紀から一九世紀にかけて、恒星までの距離が桁外れに遠いことが明らかになるにつれて、「星の性質についてまともに研究することなど不可能なのではないか」という諦めムードが一部の天文学者の間にはあったようです。しかしこれを克服する「分光」という強力な手法が一九世紀に見つかりました。

太陽からの光をプリズムに通すと、虹の色に分かれて見えます。これらの色を拡大してよく見ると、特定の色が櫛《くし》の歯が欠けたように抜け落ちていて、それが太陽の大気に含まれる特定の物質に対応することが分かっています。要するに、太陽の色をよく調べると、その成分が研究できるというわけで、この手法はほどなくして恒星にも応用されるようになりました。そして、色の共通点から太陽も恒星の仲間であることが確実になります。

一九世紀末から二〇世紀にかけて、溶鉱炉の鉄のような高温の物質が放つ光に関する研究が進むと、星の色から温度を測定することまでできるようになりました。明るい黄色に輝く太陽の表面温度が六〇〇〇℃（↓第一章　23ページ）だと分かるのはこのころです。ちなみに、星の光が赤ければ赤いほど温度は低く、青白くなるほど高温です。直感的なイメージに反するかもしれませんが、燃えさかっているように見える赤い星は三〇〇〇℃くらいで、クールそうな青い星はときに二万℃以上にも達します。鉄などの金属を加熱するとやがて赤く輝きはじめ、溶鉱炉などでさらに高温に熱すると黄色や白の光を発するのも同じ反応です。

こうした輝きのエネルギー源は、太陽と同じく核融合反応であることが分かっています。青や白などの色に輝く恒星も、数千万年から数十億年という長い時間のうちに核融合の燃料を使い果たして寿命を迎えると、表面が膨らんで低温になり赤い星になるだろうと考えられます。この段階になった恒星は数日から数百日の周期で明るくなったり暗くなったりを繰り返す「変光星」になります。これ以外にも色々な理由で明るさを変化させる様々な種類の変光星が存在するのですが、その存在が認識されて本格的に研究されるようになったのも近代になってからでした。

星座にあるのは境界だけ

あらゆる恒星が研究対象となり、さらには無数の星雲や星団が見つかるにつれ、こうした天体の位置を星座で表すのが難しくなってきました。プトレマイオスの星座表には星座を形作る明るい恒星の位置しか記録されていないので、境界が曖昧です。これは近代に作られた星座に関しても同様ですし、その上何人もの天文学者が好き勝手に星座を設定したおかげで、人によって使う星座がばらばらというありさまでした。

そこで各国の天文学者たちによる話し合いが重ねられた結果、一九二八年に国際天文学連合（IAU）の総会で八八個の星座が新たに定義されました。プトレマイオスの四八星座全て（ただしアルゴ座は四星座に分割　↓125ページ）とかみのけ座、それに近代に作られた星座のいくつかが選ばれています。正式な名称は従来のしきたりに従い、ラテン語となっていますが、のちに日本では正式な訳語が決定されました。誤解されやすいのですが、日本語での正式な星座名は全てひらがなとカタカナで表記します。つまり、「山羊座」や「大熊座」ではなく「やぎ座」「おおぐま座」と書かなければいけません。

ただし、それまでとは違って、星座を定義するのは空の中を通る仮想の境界線だけで、星座に含まれる星や星の結び方は定められていません。これは現代の国家が都市やそれをつなぐ道路ではなく国境で分割されているのに似ています。星座の中でどのように星をつなごうと自由なので、図鑑や星座早見によって星座の形は微妙に異なります。海外の星図などでは日本と全く違う結び方をしていることが多く、発想の違いに驚かされることもあります。

星座の飛び地問題

境界線を引くに当たってはそれまでの慣習が最大限に考慮されましたが、解消できなかった

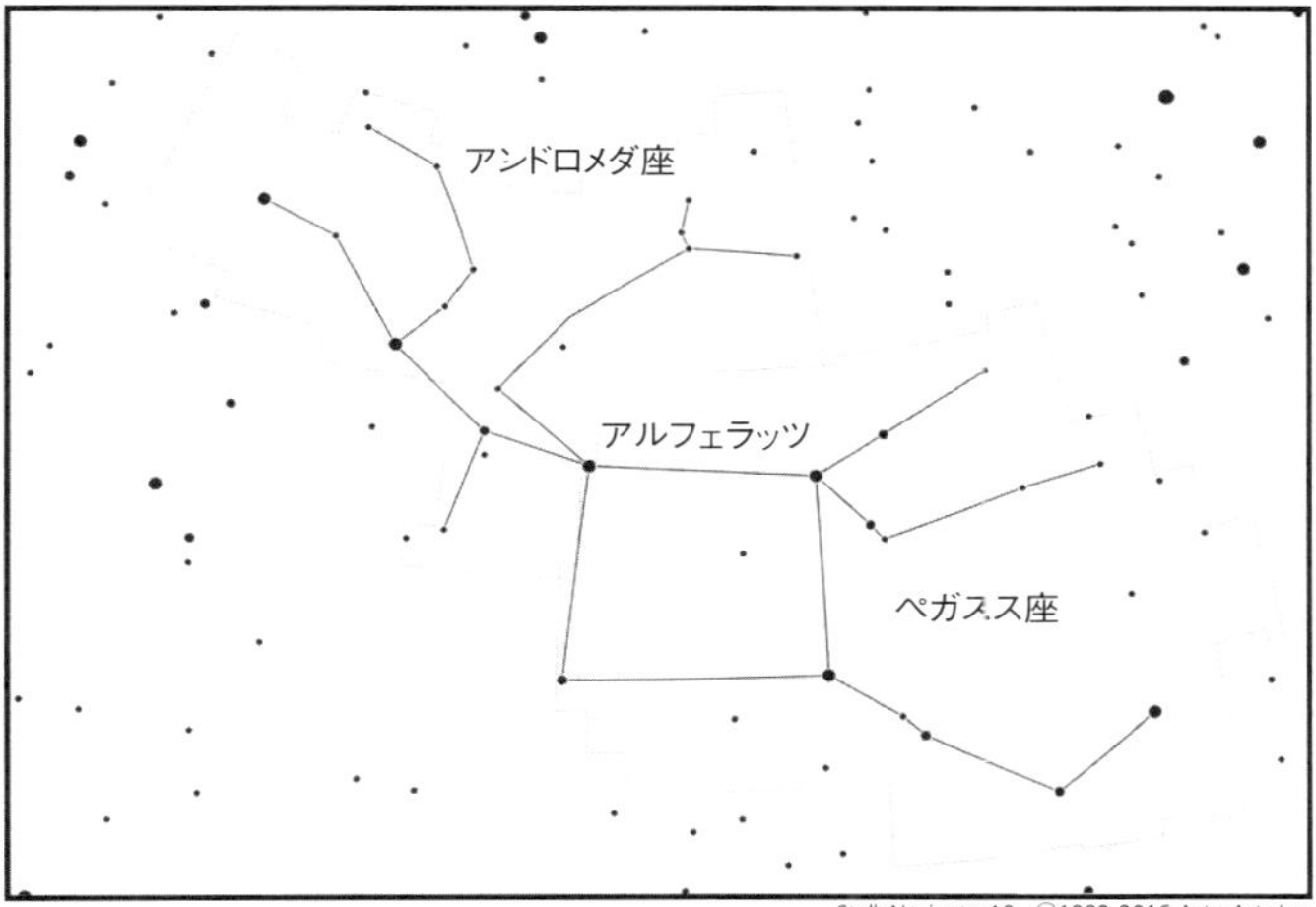

StellaNavigator10 ©1992-2016 AstroArts Inc.

アンドロメダ座に含まれたアルフェラッツの境界

問題もあります。たとえば、いくつかの恒星は二つの星座で共有されていました。

有名な例がペガスス座とアンドロメダ座です。アンドロメダはギリシア神話に登場する姫の名前で、化け物への生贄《いけにえ》にするために鎖につながれていたところを羽の生えた馬ペガサスに乗った英雄ペルセウスに助けられたというエピソードがあります。ペガサスと結びつけられた星座の正式な日本語名がペガスス座で、「秋の四辺形」とも呼ばれる四つの星が作る四角形が目印です。そのうちの一つにはアラビア語で「馬のヘソ」を意味する言葉がなまって「アルフェラッツ」という名前がついています。ところがこのアルフェラッツはアンドロメダ座の頭にあたる星でもあり、一九二八年に定められた境界ではアンドロメ

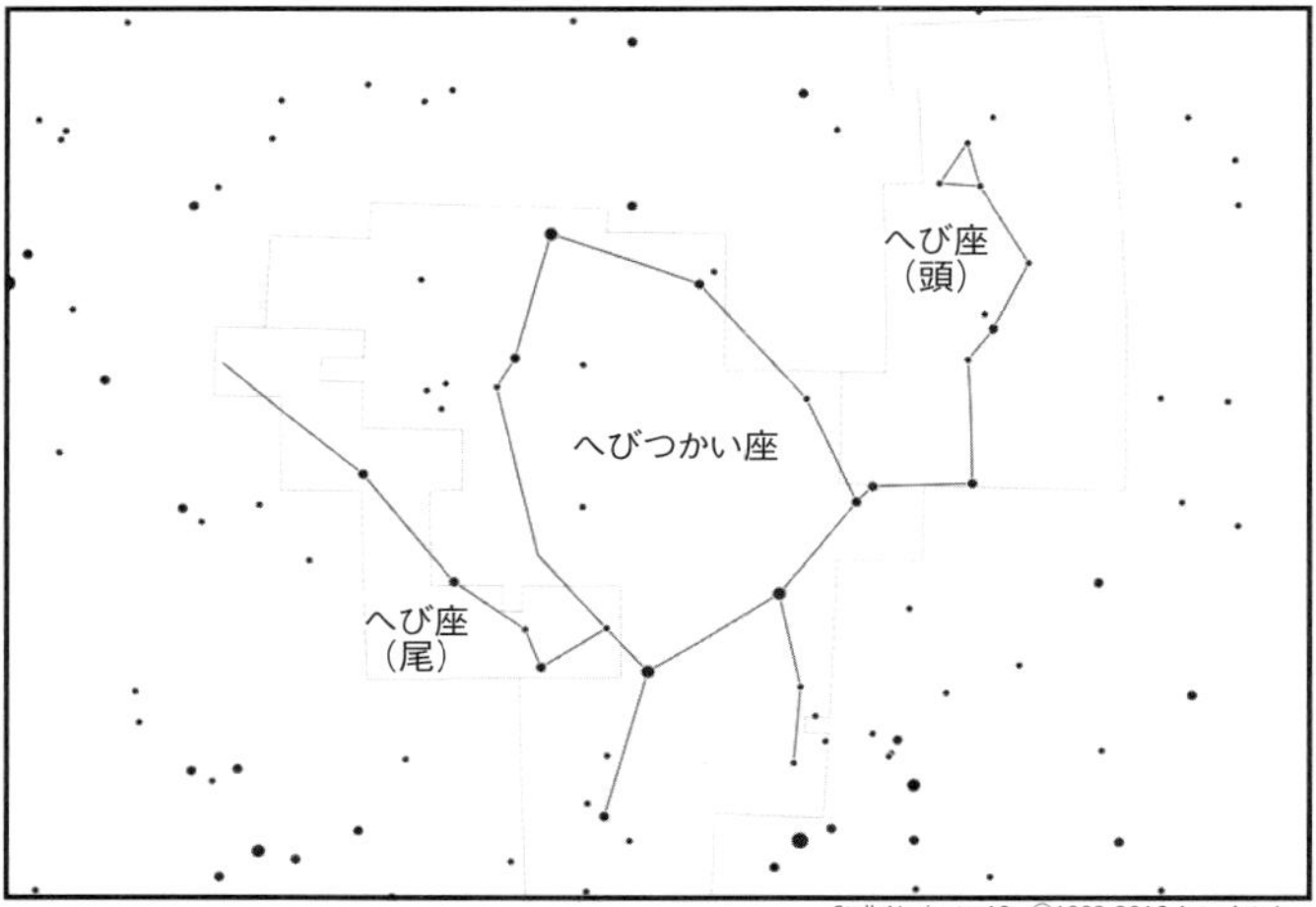

StellaNavigator10　©1992-2016 AstroArts Inc.

へびつかい座に分断されたへび座

ダ座に含まれることになってしまいました。

ややこしいことになってしまったのがへび座でした。元々この星座は神話に登場する名医アスクレピオスが抱えている、医学のシンボルである大蛇です。プトレマイオスの星座表ではアスクレピオスがへびつかい座、そして両手で掲げられた蛇がへび座として独立に扱われました。星座が星のつながりである限りはこれでも困らないのですが、境界線を引いた結果へび座はへびつかい座に分断されて頭と尾に分かれてしまったのです。

星の名前は買えません

さて、国際天文学連合（ＩＡＵ）は星座の境界線を定めましたが、そこに含まれる恒星の名前には一切触れようとしませんでした。

意外なことかもしれませんが、シリウスやデネブのような呼称はつい最近まで国際的な学術組織によって定義されることなく、ただ慣習によって使われ続けていたのです。

近年は星の命名がビジネスにまでなっています。皆さんはお金を払えば「星に名前をつけることができる」という宣伝文句をご覧になったことがあるでしょうか。こうした商売には天文学の研究機関は一切関わっていません。そしてIAUも繰り返し無関係であることをアピールしてきましたが、なかなか自分たちでは星の名前を定めようとしませんでした。実際のところ、有名な星は正式に定義するまでもなく皆が同じ名前で呼んでいますし、いざとなればカタログの番号や座標などを使えば問題なく星を示せるということもあったのでしょう。

この方針は二〇一六年に切り替えられ、二〇〇個以上の恒星に正式な名前がつけられました。そのきっかけは何だったのでしょうか。

「惑星」のおかげで「恒星」に名がついた？

かつてブルーノが考えたように、太陽が恒星の一種であるのなら、他の恒星の周りにも太陽系のように惑星が回っているだろう、というのは自然な発想です。二〇世紀に入ってからは太陽系の外の惑星、すなわち「系外惑星」を探すための観測は幾度となく実施されてきました。

しかし惑星は恒星に比べて非常に小さくて暗いので、簡単に見ることができるものではありません。そこで、系外惑星を探すときは惑星の光を直接観測するのではなく、恒星の光に生じる微小な変化を検出するという間接的な方法が使われています。具体的には、惑星が恒星の前を通過するときに発生するわずかな減光を観測する手法などがあります。太陽系の外に初めて惑星が見つかったのは比較的新しく、一九九五年のことでした。その恒星は地球から約五〇光年離れたところにあるペガスス座五一番星です。

ひとたび系外惑星が発見されてからは、惑星探しに特化した観測プロジェクトや天文衛星の打ち上げなどもあって、二〇一七年現在で二五〇〇個以上の恒星の周りに、合わせて三五〇〇個以上の惑星が見つかっています。しかしここで観測された恒星の多くは非常に暗く、固有名はおろかフラムスティード番号やバイエル符号もついていない星もあります。また、ある恒星の周りに新しく見つかった系外惑星には「恒星の名前＋アルファベット一文字」という無味乾燥な名前しかつきません。

そこでＩＡＵは、人々の系外惑星に対する関心を高めるために、いくつかの系外惑星とその中心にある恒星について、名前を募集することにしました。その結果、二〇一五年に一四個の恒星と三一個の系外惑星に固有名がつけられました。しかし、肉眼では見えないような暗い星の固有名がＩＡＵによって承認されているのに、シリウスのようによく知られた名前が非公認だというのは変な話です。これが翌年に代表的な固有名をＩＡＵが承認するきっかけとなったのでした。

第二の地球を探して

一九九五年にペガスス座五一番星で見つかった惑星は、質量が木星の半分くらいありながら、太陽系の水星と比べてもはるかに中心星に近いところを回っている極端な天体でした。直接観測はできなくても、木星のようにガスを主体とした天体であり、かつ恒星にあぶられて超高温になっていることが容易に推定できます。

系外惑星の研究が進むと、こうした一見「異常」な惑星が次々と見つかりました。それらも、従来は太陽系というたった一つの「惑星系」だけにしか当てはまらなかった常識をくつがえして研究を進めるという意味では重要な発見なのですが、やはり誰もが気になるのは「地球みたいな惑星はあるのか」という疑問ではないでしょうか。

太陽系の例を見ても分かるように、大きすぎる惑星はガスが主成分となるので生命に適した地表が存在しません。また、金星のように恒星に近ければ水は蒸発してしまい、火星より遠ければ凍ってしまいます。この「適度なサイズ」と「適度な距離」は「第二の地球」に必要な絶対的条件ですが、ここ一〇年ほどでようやくそれらしき惑星が見つかり始めています。

ただし、系外惑星というのは基本的に直接観測できず、間接的に大きさなどのデータを調べることしかできないのですから、本当に表面が岩石なのか、液体の海が存在するのか、ましてや生命がいるのかを知ることはできません。とはいえ、最近の観測技術の進歩を考えると将来に期待するのは悪くなさそうです。

かつてブルーノが想像したように、星座の星々一つ一つの周りには独自の世界が展開しています。果たして、彼の考えたとおりその中に生命はいるのでしょうか。万が一それが発見できたなら、夜空を見上げたときに私たちが考えることも、すっかり変わってしまうのかもしれません。

第4章

流星、彗星、そして超新星
イレギュラーな天体たち

1066年に出現したハレー彗星（中央上部）を描いたバイユーのタペストリー
（→154ページ）
©The Granger Collection / amanaimages

「通常」と「異常」の天文学

恒星も惑星も、難易度に差はありますが、どのように動くのか計算することができます。古代の天文学者と呼ばれる人々は、大抵はこれら予測可能な「通常の天体」に専念してきました。一方、夜空では時折、全く予測できないことも起こります。一瞬で空を駆け抜けて消えてしまう流星、長い尾を伸ばして夜な夜な星座の中を動いていく彗星、そして星々の間に突然出現して、ときに昼間でも見えるほど明るくなる超新星。これらの天体はあまりに変則的な挙動を示すため、例外や異常事態として処理されるのが一般的でした。しかし天文学の歴史が大きく動くときには、必ずと言っていいほど「イレギュラーな星々」が関わっているのです。

本章で扱う天体の種類は多岐にわたり、私たちからの距離だけを見ても、大気圏内で起こる現象から、物理的に観測可能な限界に近い宇宙の果てで輝くものに至るまで様々です。もちろん、こうした知識の大半は近現代になってから判明したことなので、昔の天文学者たちは今日のような分類をしていたわけではありません。それどころか、広い意味で空で起こる「不規則」な現象として気象と一緒にすることも珍しくなかったようです。

「月より下の変化する世界」と「月より上の永久不変な世界」という区別を主張したアリストテレスはその代表と言えるでしょう。彼によれば、突然出現し、予測不可能な動きをしてまた消えてしまう彗星などは、惑星の仲間ではなく気象現象だというのです。彼の影響を受けた西洋世界では、長らく突発天体は通常の天文学の対象外とされてきました。

天からのメッセージを読み解く

中国では、太陽・月・惑星の動きを計算する学問は「暦学」と呼ばれ、それ以外の天体はそこで扱わないのが普通でした。ただし、月より上か下かで世界を区切っていた西洋と違い、中国では「地上」と「天上」の区別だけがありました。空で起きていることのうち、予測できることは暦学に任せ、それ以外のことは常に空を見張って確認する、というのが中国における「天文」のあり方だったのです。そもそも「天文」という言葉には「天からのメッセージ」という意味合いがあります。中国には、地上での異変に先駆けて空に変化が起こるという思想があったため、これを観測して皇帝などの主君に知らせるのが本来の意味での「天文学者」の仕事でした。

日本の朝廷ではそうした仕事を担当する文官を「天文博士」と呼びました。あの安倍晴明(九二一～一〇〇五)もその一人です。彼のような陰陽師は、中国から伝わった五行説などに日本独自の思想を加えた「陰陽道」に基づき、天体観測の結果を踏まえて天皇に奏上するのが主な仕事だったようです。

彗星や超新星のように突然現れる天体には特別なメッセージがあると考えられ、「客星《かくせい》」と呼ばれて注目されました。一般的に、中世に出現した天体は西洋より東洋の方によく記録が残されている傾向があります。もっとも、イスラム文化圏でも、「天上では変化が起きない」というアリストテレスの理論に反する天体には占星術的な意味があるのではないかと考えたようで、ある程度記録はされました。

また、同じ天空で起こる現象ということで、古代中国でも天文と気象は同様に扱われる傾向がありました。星の動きと並んで、雲の形や虹の出現などが述べられることもあったのです。珍しい現象としては「赤い雲が出現した」といったオーロラと思われる記述もあります。中国の緯度では滅多にオーロラは見られませんが、原因となる太陽の活動（↓第一章　20ページ）が十分に活発であれば出現してもおかしくありません。そのため、これらの古文書は現代でも太陽を研究する一部の科学者から注目されています。

彗星はほどほどに珍しい

彗星は「ほうき星」とも呼ばれるように、淡い尾を伸ばした姿が特徴です。肉眼で分かるほどの速さで動き回ることはありませんし、むしろ他の星々と同じように東から西へと日周運動（↓第三章　113ページ）しているので、現代の知識で見れば天体だということがすぐに分かります。肉眼で見えるほど明るいものなら少なくとも数日間、場合によっては半年もの間見え続け、ゆっくりと星座の中を移動していきます。この点、せいぜい一秒くらいで消えてしまう流星とは大きく異なります。

日周運動があるにもかかわらず、アリストテレスが彗星を天体だと認めようとしなかったのは、「完全な形である円」からはほど遠いその姿に加えて、その動きがあまりにも惑星と異なるからです。月や惑星は、太陽の通り道である黄道から大きく外れて動くことはありません。しかし、彗星はまさに神出鬼没で、黄道とは全く無関係なところを進んでいくように見えます。

ちなみに、観測記録が確実な近現代に絞ると、誰もが見ることができて話題になるほどの彗星というのは平均して一〇年から二〇年に一度の割合で出現していて、何とか肉眼で見えるレベルの明るさであれば一年に一個くらいは現れます。この頻度は昔も変わらなかったはずなので、概して彗星というのは「幻の現象」とまではいかないものの、ほどほどに珍しくて不思議さや神秘性を秘めた天体だったと言えるかもしれません。まして、個々の彗星はどのタイミングで出現するか分かりません。実を言えば、中には数十年から一〇〇年以上もの時を隔てて同じ彗星が戻ってきている例もあるのですが、人類がそのことに気がつくのは一八世紀まで待たなければなりません。

支配者が恐れる天体

現代は夜空が明るいので彗星の光はかき消されてしまいますが、かつては、暗い夜空にぼうっと浮かぶその姿は人々の目に不気味に映ったことでしょう。何もなかったところにある晩突然出現し、やがてゆっくり消えていくのでなおさらです。そのため、かつて彗星は世界中どこでも、ほぼ例外なく、不吉な現象だと見なされました。とりわけ権力者にとっては凶兆とされたようです。

とはいえ、すでに力を握っている者にとって不吉なことは、裏を返せば、それに取って代わろうとする者たちにとってはチャンスであるとも言えるでしょう。そのためか、王朝が交代するときなどに彗星が出現したという記録が数多く残っています。たとえば、紀元前一一世紀に古代中国の王朝である殷が周の武王（生没年不詳）に滅ぼされたときには彗星が出現したそうです。ただしこれは紀元前二世紀ごろに書かれた『淮南子』の記述なので史実かどうかは不明です。ずっと新しいものの、間違いなく彗星が出現した例としては、一〇六六年にノルマンディー公ウィリアム一世がイングランドを征服したときが挙げられるでしょう。この戦争に先駆けて出現した彗星の姿はタペストリーにも描かれています（149ページ）。

もちろん、彗星は本当に人間の活動に合わせてやってくるわけではないので、出現したけれども地上では特に何も起こらなかった、という例もいくらでもあります。さきほどの周の武王の例も含め、古い目撃例が多く残っているのが中国で、紀元前に絞っても二〇件以上の例があります。ただしその大半がずっと後になってから伝聞で書かれたものなので取り扱いには注意を要します。数は少ないですが、古代メソポタミアの粘土板にもいくつか彗星らしき天体の記録があります。ちなみに、古代ローマの思想家セネカ（紀元前四ごろ〜紀元後六五）は、メソポタミアの天文学者たちは彗星が惑星のように軌道を持つ天体だと信じていたと証言しています。しかしこうした考えはアリストテレスの宇宙観によって消え去ってしまいました。

しし座流星群
（スペイン、2002年11月）

星に願いをかけるのも楽じゃない

星や星座に詳しくなくても、流星を見たことがある、という方は多いのではないでしょうか。暗い夜空なら平均して一〇分に一回は出現する流星は、彗星などと比べればそれなりにありふれた天文現象と言えるでしょう。それでも、空のどこにいつ出現するかは事前に予測することができないので、見つけるにはそれなりの運も必要です。注意深く流星の記録をつけ続けていると、毎年決まった時期にいつもより多く流星が出現することが分かります。現代ではこれを「流星群」と呼んでいます。ただ、中国や日本などでは流星が多く出現したという報告は多数残されているものの、出現の法則について考察されることは近代までありませんでした。

現代では流れ星に願いをかける風習がありますが、実はこの起源がどこにあるのかはよく分かっていません。よく見かける説明として、「神々が地上の様子をのぞこうとしたときに星が落ちる」とプトレマイオスが言いだしたから、というものがあるのですが、彼の著作にはそれらしき記述は見当たりません。日本ではなぜか「流星が消える前に願い事を三回唱えれば叶う」と言われていますが、これも由来は不明です。ちなみによほどの反射神経があり、よほどの早口で、そしてよほど短い願い事でなければ流星が見えている間に三唱するのは不可能なので、個人的にはあまり挑戦することはお勧めできません。

では昔はどうだったのかと言えば、現在とは違って流星は不吉な現象とされることが多かったのではないかと思われます。中国ではその傾向が顕著で、物語『三国志演義』に諸葛孔明が落ちる星を見て自分の死期を悟るエピソードが登場するように、流星を忌まわしいことと結びつける考えは民間にも広まっていたようです。

怖い流星、ゆるーい流星

インドの学者ヴァラーハミヒラ（六世紀）が書いた、現代に至るまで人気のある占星術書『ブリハットサンヒター』には、流星が恒星や惑星を攻撃したり傷つけたりするといった表現が繰り返し登場します。当然、流星が出現した場合の占いの内容はほぼ悪いことしか書いてありません。面白いことに、ヴァラーハミヒラは流星の中に隕石や雷も含まれるとしています。空から何かが落ちてくるのが流星の正体だという発想があった一方で、雷のように気象現象の範囲で解釈していることもわかります。

ちなみに、昔の日本では、「夜這い星」というユニークな呼び名がありました。平安時代の貴族の間では、夜間に見初めた女性の元へ通う風習があったのですが、流星を、そのこっそり夜這いする男たちの姿に見立てたわけですね。清少納言（一〇世紀後半〜一一世紀初頭）は『枕草子』の中で好きな星の一つとして夜這い星を挙げています。この他に彼女が列挙したすばる（→第五章　192ページ）、彦星（→第五章　183ページ）、夕筒（宵の明星、→第二章　75ページ）が名前しか登場しないのに対して、夜這い星に関しては「すこしをかし。尾だになからましかば、まいて（少し趣がある。尾を引かなければ、もっとよいのだけど）」とやや長めに言及していることから、興味を抱いてよく観察していたことがうかがえます。願いをかけていたかどうかは分かりませんが、少なくともインドのようなおどろおどろしさとは対照的なイメージを投影していたのだと思われます。

昼間も輝く客星

彗星も流星も、速度の差こそあれ星座の中を移動しますが、超新星というのは明るさは変えつつも恒星と同じように動かない天体です。星座の中に全く新しい星が出現したように見えることから、「新星」の名がついたのですが、後述するように、一九世紀後半になってから比較的暗い「新星」と特に明るい「超新星」を区別するようになりました。古い史料に残されているのはほとんどが「超新星」だと考えられています。「超」とつくだけあって、超新星は非常に明るい現象です。

最古の観測記録と考えられているのが、紀元前一四世紀の殷で、占いのために骨に刻まれた甲骨文字です。そこには「大火（アンタレス）のそばに大きな星が新たに出現した」という趣旨のことが書かれています。残念ながらこれだけでは情報量が少なすぎて、正確な日時や天体の位置を知ることはできませんし、そもそも超新星ではなく、彗星など他の天体であるかもしれません。確実な記録として最古のものは、後漢時代の一八五年に観測された超新星です。陰陽師が活躍する平安時代以降は、日本でも観測記録がつけられていました。

一二三〇年、歌人の藤原定家は「客星」を目撃します。気になった定家は、過去に出現した客星の情報について陰陽師に問い合わせており、その記録を彼の日記『明月記』の中で引用しました。定家が観測した客星自体は彗星であることが今では分かっていますが、彼が紹介した記録の中には三件の超新星が含まれています。特に有名なのが一〇五四年に現代で言うとおうし座の角《つの》に当たる方向に出現した超新星で、『明月記』には「木星ほどの明るさだった」という趣旨の記述があります。中国にも同じ超新星を観測したと思われる記録がありますが、こちらでは二三日間にわたり昼間でも見えるほど明るくなり、その後も二年間は夜空で見え続けたとされています。

天球を壊した天体

昼間でも見える星が出現するというのは結構インパクトのあるできごとですが、これはあらゆる天文現象の中でも特に珍しく、平均すると一〇〇年に一度くらいしか見られません。『明月記』には一〇五四年の他に一〇〇六年と一一八一年に出現した超新星の記録がありますが、この次に地球で超新星が観測されたのは一五七二年のことでした。

当時のヨーロッパでは、コペルニクスの地動説が登場するなど、アリストテレスとプトレマイオスが作り上げた古い宇宙観が革新される兆しが見えていました。旧来の説に従えば、星座の領域では新しい星が出現するような変化は起きないはずですが、超新星というのはこれに真

観測中のティコと壁面四分儀
©The Granger Collection/amanaimages

っ向から反する現象です。当然、アリストテレスの信奉者たちはこの星が天体ではなく大気中の現象だと主張しました。ところがデンマークの天文学者ティコ・ブラーエは複数の観測地点での記録を集め、場所によって見かけの位置が変わる月（→第一章　29ページ）と違って超新星の位置が星座の中で変化しないことを示しました。これは新天体が少なくとも月よりは遠くに位置していることを意味します。

ティコは一五七七年に今度は彗星を発見し、観測を続けました。そして、この彗星もまた月より遠いことを突き止めています。それどころか、彗星の動きは、彗星が惑星の軌道を横切っている、つまり惑星と惑星を隔てているはずの天球をぶち破ってしまうような軌道を通っていることを示唆していました。こうして、「月より上の世界は不変」で「全ての惑星は天球に乗って地球の周りを回転する」という従来の宇宙観における二大原理が否定されたのです。

肉眼観測の限界

彗星や新星が月よりも遠くにあることを証明するにはそれなりに精度の高い観測が必要ですが、ティコが活躍した時代にはまだ望遠鏡がありません。その代わり彼は、デンマークでも指折りの有力な貴族という立場を活かして、巨大な分度器のような装置である四分儀などの補助装置を備えた天文台の建設に巨額の資金を投じました。こうしてティコは肉眼での物理的な限界に近い観測精度を達成していたようです。

しかしながら、自分の観測能力を過信してしまったのがティコの天文学者としての限界でもありました。彼は、コペルニクスの地動説が正しいのであれば肉眼による最高レベルの観測で年周視差（↓第三章　139ページ）が検出できると考えましたが、現実には無理です。結局、ティコは「地球は宇宙の中心で固定されている」という従来の考えに固執しました。もっとも、他の惑星が太陽の周りを回っていると考えた方が合理的だということは彼にも分かっていて、その上「天球」という制約もなくなって惑星を自由に動かせるようになったので、天動説と地動説の折衷案のような考えにたどり着きました。つまり、月が地球の周りを回り、太陽はその

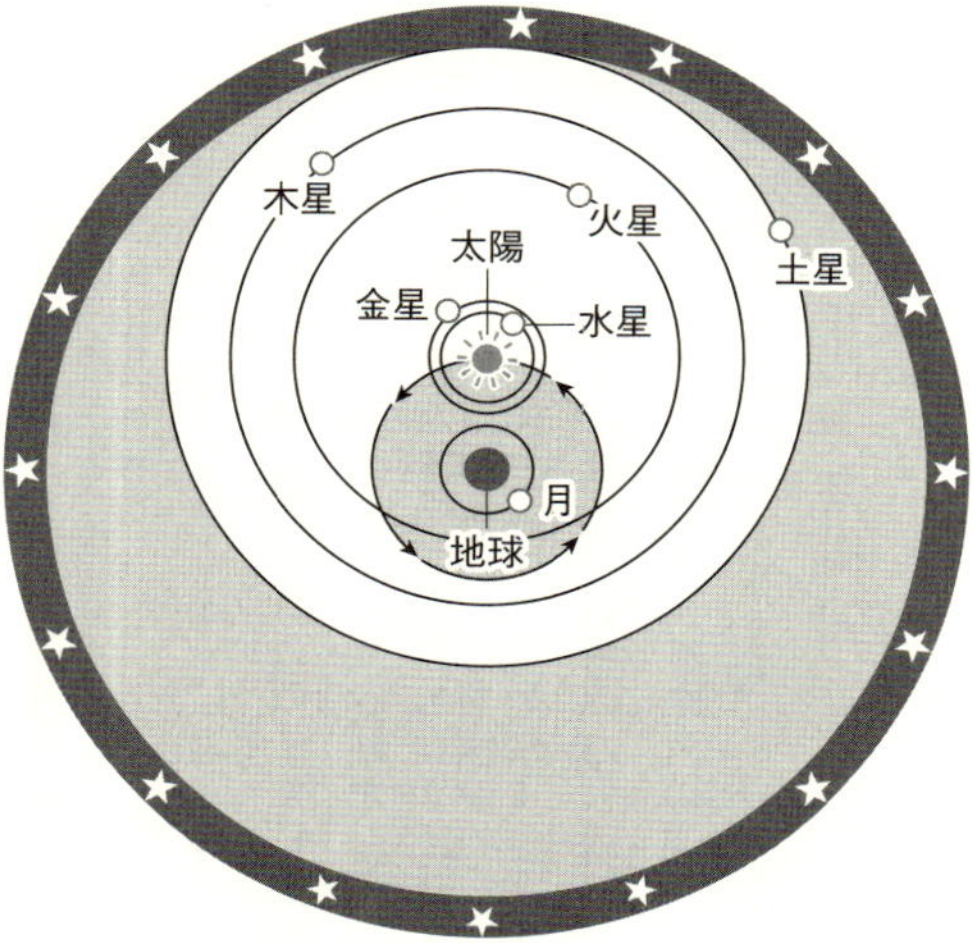

ティコの折衷的太陽系モデル

外側を回っていて、他の惑星は全て太陽の周りを回っているというモデルです。

最終的に、太陽の周りで惑星が楕円軌道を描くという正しい理論（→第二章　97ページ）にたどり着いたのは、ティコの晩年に彼の助手を務めたドイツのヨハネス・ケプラーです。しかし、そのためにはティコが残した膨大な観測データが必要でしたし、「地球を中心とした同心天球」という概念が新星と彗星によって覆されていたことも重要な役割を果たしたことでしょう。ちなみに、ケプラーも一六〇四年に発生した新しい超新星を観測しました。一五七二年の超新星は「ティコの星」、一六〇四年の方は「ケプラーの星」と呼ばれることもあります。これ以降、私たちの銀河系（→第五章　198ページ）の中では超新星は観測されていません。

ケプラーからハレーへ、彗星は巡る

ニュートンはケプラーが発見した惑星の法則をもとに、地上と天上における物体の動きを統一的に説明できる運動の法則、および万有引力の法則を完成させました。気むずかし屋でもあったニュートンは自分の発見を公表するのにあまり乗り気ではなかったようですが、彼を説得して、代表作となる『自然哲学の数学的原理』、通称『プリンキピア』出版のために私費まで投じたのが同じイギリスのエドモンド・ハレーです。

恒星の固有運動（↓第三章 138ページ）を発見するなど優れた観測者でもあったハレーは、一六八二年に彗星を観測して動きを記録していました。ティコらによって彗星が一種の天体であることまでは分かっていましたが、この時点でまだ誰もその軌道を解明していません。ハレーはニュートンの理論を使い、この彗星が細長い楕円軌道を描いているのではないかと考えました。さらに、一六〇七年にケプラーが観測していた彗星とそのさらに前の一五三一年に見つかっていた彗星も同じ軌道で説明できることに気づき、これらが七六年周期で出現する同一の彗星であると結論づけ、一七五八年に再び出現するだろうと予測しました。

ハレーはその時を待つことなく他界してしまいましたが、彼が予言した一七五七年から五八

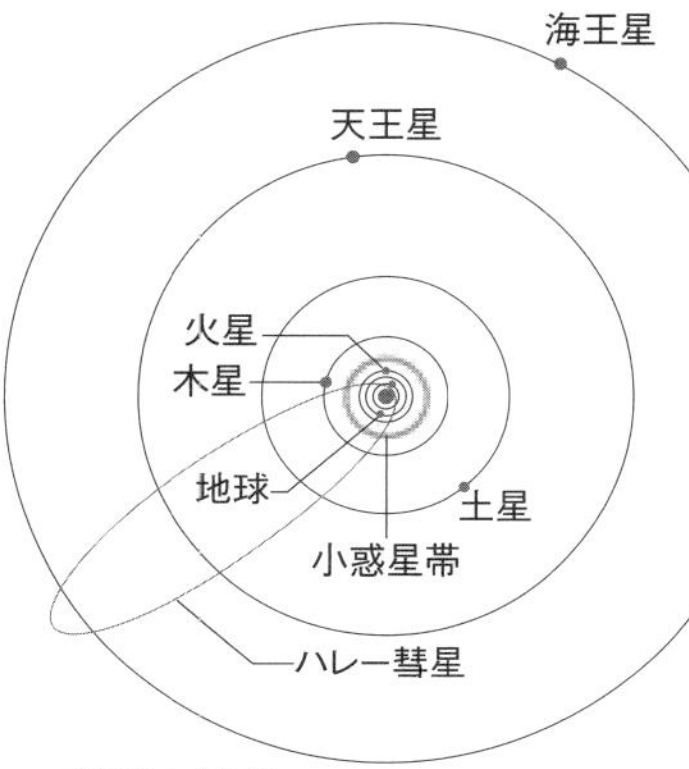

ハレー彗星の軌道

年にかけてはヨーロッパ中の観測者がこぞって彗星の回帰を見つけようと望遠鏡を空に向けました。そして一七五八年の年末に、期待どおり同じ軌道の彗星が出現したのです。こうしてこの彗星は「ハレー彗星」と呼ばれるようになりました。

　彗星の軌道が判明したことで、もっと昔まで遡って出現した時期を計算し、実際の記録と照らし合わせることもできるようになりました。現在確認されているハレー彗星の最古の出現記録として確実なものは、紀元前二四〇年、始皇帝が治めていた中国の秦での観測報告です。

彗星観測の邪魔者たちが人気の天体に

　ハレー彗星の再発見競争に参加していた観測者の中に、フランスのシャルル・メシエ（一七三〇～一八一六）という見習い天文学者がいました。彼は一年以上にわたってねばり強く捜索を続けていたのですが、運に恵まれず第一発見者の栄誉を逃してしまいました。その途中の一七五八年八月には、おうし座の角のあたりに彗星のようにぼんやりした外見の天体を見つけています。すわ新彗星発見かと思ったメシエですが、この天体は彗星と違って周囲の恒星に対して全く位置関係を変えません。そこで彼はこれを彗星と紛らわしい天体として記録しておくことにしました。

その後メシエは大いに発憤して彗星の捜索に取り組み、次々と新彗星を発見するようになりました。その活躍ぶりから「彗星ハンター」と呼ばれることもあるほどです。しかし、観測を重ねれば重ねるほど、彗星に見えるけれども動かない「ニセ彗星」が見つかりました。これらの天体は主に、宇宙空間に漂う雲のような「星雲」と星が密集した「星団」に分類できます（↓第五章　182ページ）。メシエはこれら星雲・星団四五個をまとめた一覧を一七七一年に出版しました。現在この一覧は「メシエカタログ」と呼ばれ、彼自身や後世の追加も含め一一〇の天体が記載されています。これら「メシエ天体」の中には小型望遠鏡で観察しやすいものが多いので、入門者には格好の観望対象として親しまれている他、熟練者の中には一晩で全てのメシエ天体を観測する「メシエマラソン」に挑戦する人もいるなど、あらゆる天文ファンにとってなじみ深い存在です。

そんなメシエカタログの記念すべき第一号が、一七五八年におうし座の角で観測されたM１なのですが、実はこの天体と「客星」の間に重要なつながりがあることを、この時点でメシエは知るよしもありませんでした。

彗星衝突の脅威と対策

メシエが発見した彗星の中には、比較的地球に近い軌道を通るものもありました。そのため、多くの人が彗星が地球に衝突することを恐れるようになりました。一七七三年にはその可能性を計算した論文が発表されただけで「世界が滅びる」というデマが流れ、パリを中心にパニックが発生しています。この時点ではまだ彗星の大きさや質量についても確実なことが分かっていなかったので、その脅威が未知数であったことも騒動に拍車をかけたかもしれません。この時期、世界で初めて地球の年代を実験で検証しようとした（→第六章　226ページ）フランスの博物学者ビュフォン伯（一七〇七～八八）は、彗星が太陽に衝突したときの破片から地球が生まれたという仮説を前提としていました。本当に彗星にそれほどの威力があったのなら、地球にぶつかったときは文字どおり世界の終わりとなることでしょう。

しかし、見かけの明るさと彗星までの距離から逆算すれば、彗星の固体部分すなわち彗星核は少なくとも地球を破壊するほど巨大な天体ではないことが分かります。ハレー彗星の核は比較的大きい部類に入りますが、それでも直径は一〇キロメートルほどです。また、ガウスらの活躍（→第二章　102ページ）によって軌道の計算は速く正確に行えるようになったので、彗星衝突の恐怖はいくらか和らぎました。それでも決して油断してはいけないことを人類に警告するかのようなできごとが一九九四年に起きています。

この年、シューメーカー・レヴィ第九彗星という推定直径五キロメートル程度の彗星が分裂しながら木星に衝突して、地球からでも望遠鏡で簡単に観測できるほどの衝突痕を作りました。衝突時のエネルギーは世界中の武器庫に眠る全ての爆弾を炸裂させた威力の数百倍にも達したと見られています。これをきっかけに、それまでは人間の彗星ハンターが活躍していた新天体発見の分野に、続々と自動観測装置を備えた大型望遠鏡とそれを分析する専門家たちのチームが参入するようになり、地球に衝突する可能性のある天体を早い段階で見つけるための努力がなされています。

また、一九世紀以降は小惑星（↓第二章　１０２ページ）も続々と見つかっています。中には小惑星帯よりも内側に入り、地球へ接近する軌道を通る小惑星もあります。数としてはこちらの方が彗星よりも多いので警戒が必要でしょう。二〇〇八年には自動観測装置が直径約二メートルの小惑星を地球に衝突する二〇時間前に発見することに成功しました。このサイズなら地表に衝突する前に大半が大気圏内で燃え尽きてしまいます。これに対して、十分に大きな小惑星などが消滅せずに地上へ到達したものは「隕石」となり、大きさや落下地点によっては脅威となり得るので事前に発見することが重要です。今この瞬間も、文字どおり地球を守るために活動している望遠鏡と天文学者たちがいるのです。

彗星パニックは繰り返す

ところで、点のようにしか見えない小惑星とぼんやりとしていて尾まで伸ばしている彗星との違いは何なのでしょうか。これに関しては、分光（↓第三章　140ページ）の手法が発達したことで答えが見えてきました。彗星の尾の輝きをプリズムに通すと、水蒸気や二酸化炭素などのガスが多く含まれているという情報が得られます。ということは、彗星本体はそれらが凍った氷やドライアイスを主成分としていて、地球よりずっと外側から太陽の近くまでやってきた結果、それまで固まっていた表面からガスが蒸発していくことで尾が伸びるのだと推定できるというわけです。

こうして一九世紀の間に彗星に関する知識もずいぶんと深まりましたが、これが新たなパニックのもととなってしまいます。一九一〇年にハレー彗星が回帰したときは、尾の中を地球が通過するほどまでに接近しました。このとき、フランスにおける天文学の普及家として有名なカミーユ・フラマリオン（一八四二～一九二五）が「尾に含まれる有毒ガスによって地上の生物が死滅する」という説を発表しています。フラマリオン自身は本職の天文学者というより大衆に知識を広めることを生業としており、センセーショナルな話を好む傾向があったのですが、世間では彼の意見は一流の天文学者の見解と見なされてしまいました。

騒ぎを収めようと努力した天文学者もいましたが、発達したマスメディアによる情報拡散も手伝って、世界各地で自殺者も出るほどの騒ぎとなりました。日本でも新聞で大々的に報道されたことで噂が広まって、息を止める練習をする人、呼吸をつなぐためのチューブを買い求める人が相次いでいます。彗星の尾に微量成分として猛毒になりうるシアン化合物が含まれているのは事実ですが、尾自体が極めて希薄なので、地球の大気に重なっても何ら影響はありません。結局、ハレー彗星は人間の騒動をよそに何事もなく通過していきました。

この事例を考えると、彗星を見て人々が騒ぐのはただの迷信や科学的知識の不足だと簡単には片づけられません。今後似たようなことが起こるのを避けるために、情報を発信する研究者やそれを広めるメディアの責任はますます大きくなります。そして私たちは、どこから情報を得て、どのようにとらえ、いかに行動するべきかを日ごろから考える必要があると言えるでしょう。

「世界が火事だ」

近代に入って彗星がそれまでとは違った意味で人々に恐れられるようになった一方、流星に関しては一九世紀半ばまで特に大きな進展はありませんでした。占星術の地位が低下して人々が凶兆などといったことを気にしなくなると、一過性の現象に過ぎない流星はそれほど怖いものではなくなったのかもしれません。しかし、その流星がひっきりなしに出現して空を覆い尽くしたとしたらどうでしょう。

一八三三年一一月一三日の未明、アメリカで一時間で五万個にも達するペースで流星が出現しました。夜明け前から農場へ出ていた奴隷たちがその様子を目撃していた他、流星の嵐が明るくて目が覚めるほどだったと言われています。「世界が火事だ」と叫び声を上げる人、思わず神に祈りを捧げる人もいたという証言が残されています。

この現象は研究者の興味をも惹きました。そしてたくさんの流星が出現したおかげで、それらの向きがでたらめなのではなく、しし座の方向の一点を中心に放射状に流れていることも判明します。このことからこの現象は「しし座流星群」と呼ばれるようになりました。

宇宙空間に流星のもととなる何かが集まっていて、そこに地球が突入することで流星群が発生するのだと考えられます。一直線の道路を車で走っていると、遠くの一点に集まっていた景色がやがて左右や下へ流れていくように見えるのと同様に、実際には同じ方向から大気圏へ突入してきた流星は、観測者にとってはまるでその方向から放射状に飛び散っているように見えるのです。では、「流星のもと」はどこから来るのでしょうか?

彗星は流星の母

1997年に地球に接近したヘール・ボップ彗星
©Science source/amanaimages

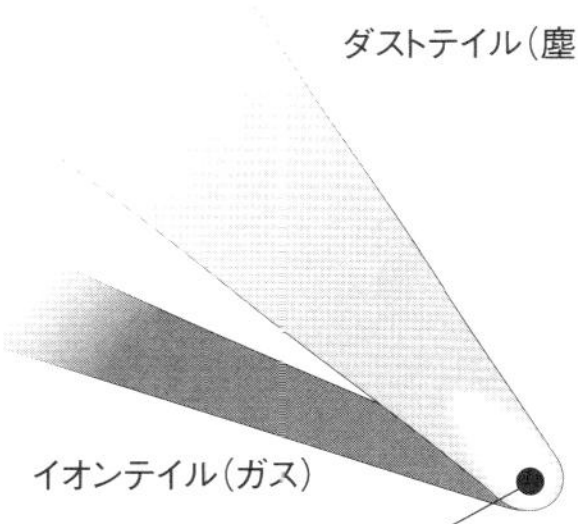

彗星の尾

手がかりになったのが、一七九九年の一一月に、ドイツの探検家アレクサンダー・フォン・フンボルト（一七六九〜一八五九）が南米のベネズエラで嵐のような流星を見ていた、という報告です。しし座流星群の大出現は三三年周期で繰り返すのではないかという仮説が立てられ、一八六六年一一月に再び流星の雨が降ったことから実証されました。さらにその前年には同じ三三年の周期で地球軌道を通過するテンペル・タットル彗星が発見されたことで、この彗星がしし座流星群の原因になっているということも分かります。

彗星の尾が伸びるのは、核が氷などでできているからなのですが、それ以外にも塵のような固体成分が混ざっています。このことから彗星核は「汚れた雪だるま」あるいは「凍った泥団子」にたとえられることもあります。氷が溶けて蒸発する際に一緒に飛ばされた塵が軌道上に残され、太陽の光を反射して「ダストテイル」と呼ばれる尾となり、ガスが作る「イオンテイル」とともに彗星の尾を構成するのです。放出された塵は拡散して光らなくなりますが、帯のように宇宙空間に残るため、そこを地球が通過したときに一斉に大気圏に突入します。

隕石となるような天体は元々直径が数メートルもあるのに対して、流星のもととなる塵粒は直径数ミリメートル程度なので地表に到達することなく燃え尽きてしまいます。しかし、秒速数十キロメートルで飛来するので、すさまじい高温となって周囲の空気を輝かせます。これが流星として観察できるというわけです。彗星は毎回ほぼ同じ軌道を通り、塵の帯もそこに残されるため、毎年同じ時期に流星群が出現します。しし座流星群の場合は、基本的に彗星が塵を供給した直後に地球が通過した年は出現が多く、それ以外の年はあまり目立ちませんが、中には毎年安定した数の出現を見せる流星群もあります。たとえば八月一二日前後のペルセウス座流星群と一二月一四日前後のふたご座流星群は、ピークの夜には一分に一個のペースで流星が見られるので、毎年天文ファンの注目を集めています。

彗星は生命の母でもある？

ちなみに流星群のもととなる彗星が発見されたのはペルセウス座流星群の方が少しだけ早く、一八六二年に見つかったスイフト・タットル彗星が母天体とされています。ふたご座流星群のもととなる彗星はなかなか見つからず、何と一九八三年に見つかった小惑星ファエトンが母天体だという驚くべき事実が判明しました。ファエトンは元々彗星だったものの、氷が全て蒸発してしまい、残された岩石が小惑星として発見されたのだと考えられています。もっとも二〇一三年にはわずかながら彗星のような尾を伸ばしているのも観測されているので、ファエトンの扱いは難しいところです。

なお、典型的な彗星は、太陽系の外縁部にあった天体が、何らかの拍子に太陽の方へ引き寄せられることで生まれるのだと考えられています。一九九二年に海王星以遠天体が見つかる半世紀近く前からそのような「彗星の巣」の存在は予想されていました。冥王星やエリスを含む太陽系外縁の天体は確かに氷を主成分としており、彗星の供給源となっているのは間違いありません。太陽系が誕生したとき、太陽の近くは熱すぎて水はほとんど蒸発してしまい、地球や小惑星のように岩石質の惑星だけが残った一方、離れた所は冷たいので氷の塊が大量に取り残されたのです。

最近では、地球の海を満たす水の大半は、地球誕生後に衝突した幾多の彗星によってもたらされたのではないか、という説が有力です。それどころか、彗星には微量ながら生命のもとになりうる有機物も含まれているという観測事実から、ある意味では彗星が地球に生命をもたらしたのだという研究もあります。

超新星は恒星の引退

超新星に関する研究は彗星や流星よりもさらに遅れました。一九世紀後半になってようやく、超新星ほど明るくはならないものの突然現れる天体が数年に一度の頻度で出現していることが分かり、これらも「新星」と呼ぶことにした結果、昼間でも見えるほど明るい従来の現象は「超新星」として区別されるようになります。そして二〇世紀になってようやく、新星と超新星が全く異なる現象であることが分かりました。超新星もさらに二種類に分けることができますが、いずれにも共通するのは「星の死」に関係しているということです。

全ての恒星は太陽と同じように、水素などの軽い元素を重い元素に変換する核融合反応（↓第一章 22ページ）によってエネルギーを生産して輝いているのですが、重い元素ばかりになるとそれ以上核融合ができなくなります。すると、自分自身の重力に抵抗するだけのエネルギーがなくなるため、恒星の中心部は潰れて、極めてコンパクトな天体が後に残ります。たとえば太陽は五〇億年後には燃料がなくなり、地球程度の大きさに縮んでしまうと考えられます。現在の太陽の質量が地球の三三万倍以上であることを考えれば、これがどれだけ高密度なのかが分かると思います。このような天体を白色矮星《はくしょくわいせい》といいます。

「白色矮星」という用語は一九二二年から使われるようになり、当初はあらゆる恒星は白色矮星になって生涯を終えるのだと考えられました。しかしインドからアメリカに渡った天体物理学者スブラマニアン・チャンドラセカール（一九一〇〜九五）は、白色矮星の質量には限界があり、それ以上重たくなってしまうとさらに潰れることを計算で発見しました。これは、太陽よりはるかに質量が大きな星には異なる運命が待っていることを意味します。

その運命こそが超新星爆発です。質量が太陽の八倍以上もあるような星の場合、核融合が限界に達してからの圧縮が急激に進行します。そして中心核が白色矮星の限界を超えてさらに高密度まで潰れて止まると、今度は反発で大爆発を起こします。その輝きは一時的に、その恒星が所属する銀河（→第五章　２０４ページ）に含まれる他の全ての星の光を合わせたよりも明るくなります。

大型新人のアイドルなどが登場したときによく「超新星」と呼ばれますが、現実の超新星はむしろ恒星が派手に引退する瞬間と言えるでしょう。

私たちは星の爆発で生まれた存在？

穏やかに白色矮星として引退した恒星にも、第二幕が待っていることがあります。もしすぐ近くに別の恒星がいた場合、距離が十分に近ければ、その恒星から白色矮星へとガスが流れ込みます。ある程度ガスが積もると、一時的に核融合反応が発生して表面が爆発してしまうのですが、これこそが超新星よりも地味な「新星」の正体です。また、ガスが積もりすぎて白色矮星の質量がチャンドラセカールの発見した限界を超えると、今度は大質量星の死と同じだけ派手な爆発が起こります。これは「Ⅰa型《いちえーがた》超新星」と呼ばれています。

どちらのタイプの超新星であっても、結果として核融合で作られた重い元素を撒き散らすことになります。誕生したばかりの宇宙（↓第六章　２３１ページ）に存在した元素はほとんどが水素であったと考えられますが、この水素からヘリウムが作られ、さらに核融合が進行すると酸素や炭素といった重要な元素が作られます。ちなみに核融合で作られる一番重い元素は鉄なのですが、銀や金のようにさらに重たい金属元素は大質量星が超新星爆発を起こす前に急激に縮む過程で生成されるのだと考えられます。携帯電話などの電子器機には金が使われていますが、それは元をたどれば超新星爆発で生まれたのだと言えます。それどころか、水や有機物からなる私たちは皆、超新星爆発のおかげで存在できているのだと言っても過言ではありません。

超新星爆発は周囲に強烈な衝撃波を広げます。その結果、宇宙空間に散らばっていたガスや塵が圧縮され、その中から恒星や惑星が形成されることも分かっています。私たちの太陽系も、四六億年前に起こった超新星爆発が誕生のきっかけになったのではないかと考えられています。

ただし最近では、超新星爆発そのものだけでは重い元素の生成を全てまかなえないという認識が専門家の間では広まっています。その代わり、中性子星と呼ばれる極めて高密度の天体同士が合体するときの衝撃が大きく寄与しているはずだと考えられるようになりました。この現象は二〇一七年八月に観測され、金などの重い元素が確かに生成されていることの証拠が得られています。

ただ、このすぐ後に紹介するとおり、中性子星も超新星爆発によって誕生する天体なので、私たちが超新星のおかげで存在しているということに変わりはありません。

M1（かに星雲） 1054年に中国や日本で記録されていた超新星爆発の残骸

歴史と今とをつなぐ超新星残骸

さて、超新星爆発の後には、中心部の高密度天体の他に、周囲に爆発で散らばったガスなどが残骸として広がるはずです。過去に記録された超新星の残骸は観測できるのでしょうか？ 実はすぐに特定できた例が一つあります。一〇五四年におうし座の角で起きた超新星爆発の残骸は、彗星ハンターのメシエが観測したM1星雲だったのです。

M１の形はゆっくりと広がっていることが分かっており、そこから逆算して一〇五四年ごろに爆発したことを確かめることもできます。また、一〇五四年当時の中国や日本における記録は、この超新星の素姓を調べる上で大いに役立ちました。その明るさの変化の仕方から、Ｉａ型ではなく大質量の星が爆発するタイプの超新星であることが確認できるのです。残骸の中心には「中性子星」と呼ばれる天体が見つかりました。この中性子星は太陽の質量を直径一〇キロメートルの球に詰めたほどの高密度です。白色矮星は角砂糖一個の大きさで一トン前後の重さになりますが、中性子星は角砂糖一個が一〇億トンという桁外れの質量になってしまいます。

さて、理論上は中性子星よりもさらに密度の高い天体もあり得ます。密度が高い天体はそれだけ重力も強いのですが、ある限界を超えると重力が強すぎて光さえも逃げることができなくなってしまいます。これがブラックホールです。しかし光を放たない天体なのに、どうやって存在を確認することができるのでしょうか？　このあたりについては第五章でもう一度紹介したいと思います。

宇宙を測るものさし

藤原定家が『明月記』で言及した一〇五四年の超新星は、重い星が生涯の最期に崩壊して起こした爆発でした。一方、同じ『明月記』に記録された一〇〇六年の超新星は当時の明るさの変化からＩａ型、つまり白色矮星にガスが降り積もって起きた爆発であることが分かっています。現在の天文学や宇宙論の研究では、このＩａ型超新星が非常に重要な意味を持っているのです。

チャンドラセカールが予測したように、白色矮星がその形を維持できる最大の質量は決まっています。その質量を超えた瞬間に超新星となるということは、どのＩａ型超新星でも全く同じ質量の天体が爆発しているはずなので、輝きも一定になるはずです。これに対して重い星が崩壊するタイプの超新星では、元の恒星の質量は様々であり、基本的に重い星ほど明るい超新星となります。さて、Ｉａ型超新星の本来の輝きが一定であれば、地球から明るく見えるＩａ型超新星ほど近くにあり、暗いものほど遠いということが言えます。これは距離を測るのに便利です。しかし一〇〇年に一回くらいしか肉眼で見ることができない超新星のうちの、さらにごく一部であるＩａ型超新星がどれだけ離れているかという情報にどんな意味があるのでしょうか？

実は、私たちが肉眼で見ていたのは、ごく狭い「銀河系」という範囲の中で起きた超新星だけなのです。二〇世紀になり、銀河系の外にも広大な宇宙が広がっていることが分かってから、大型望遠鏡でようやく観測できるレベルのＩａ型超新星、つまり非常に遠く離れたところで起きた爆発が数多く発見されてきました。普通の恒星では暗すぎて絶対に観測できないほどの距離でも、Ｉａ型超新星ならとらえることができますし、おまけに距離を測定することもできます。私たちはいわば、宇宙レベルのものさしを手に入れたのです。そればかりか、第六章でお話しするように、超新星は私たちの宇宙のこれまでの歴史と今後の運命についても教えてくれることが分かりました。

一部の彗星と流星群を除いて、私たち人類は相変わらず「客星」が現れる瞬間を予測することはできません。しかし新天体から情報を引き出すことにかけては、昔より上手になったと言えるでしょう。

第5章

天の川、星雲星団、銀河
宇宙の地図を描く

重力レンズ(→213ページ)の効果で笑顔に見える天体。
2つの目は銀河SDSS CGB 8842.3およびSDSS CGB 8842.4

星以外の天体を見つめる

天文学と言えば、「星を研究する学問」だというイメージは今でも根強いのではないかと思われます。英語で天文学を意味する「アストロノミー（astronomy）」は元々ギリシア語で星を指す「アストロン」と秩序などを表す「ノモス」が語源で、日本ではこれを「星学《せいがく》」と訳していた時期もありました。一八七七年に東京大学が創設されたときは理学部の中に「星学科」があり、一九一九年に「天文学科」と改められるまでこの名称が残っていました。実際、長らく天文学の主役が惑星や恒星であったことはこれまでの章で見てきたとおりです。

しかし、夜空には、点状に輝く星とは違って、雲のように淡く光る天体も見られます。第四章で取り上げた彗星もその一つですが、見方によっては一過性の現象に過ぎません。これに対して常に星座の中に貼りついているように見え、ぼんやりと光っている天体は人々を不思議がらせ、ときには怖がらせてきました。

そうした天体の代表格が天の川です。その名のとおり、空を横切る巨大な川のように見える輝きです。一方、天の川以外にも、星雲と呼ばれる小さな雲のような天体が星々の間に散在しています。これに加えて、一見すると光の塊に見えても、よく観察すれば多数の星が集まっている天体もあり、こちらは星団と呼ばれます。これらの天体がどうして普通の恒星とは異なる姿をしているのかについて、近代になるまで本格的に研究されることはありませんでした。それでも昔から存在は認識されており、星空の中で独特の彩りを添えてきたのは確かです。

織女《しょくじょ》と牽牛《けんぎゅう》を隔てる天の川

日本では天の川と言えば七夕の物語を思い浮かべる方が多いかもしれません。これは元々中国で二〇〇〇年前ごろまでに誕生した物語で、中国の伝統的な星座である「天官」（→第三章133ページ）とも関わっています。

天帝の娘・織女は天人たちの服を織る働き者の女性でした。日々仕事に追われる娘をかわいそうに思った天帝は、同じく働き者として有名だった牛飼いの牽牛と結婚させることにします。ところが夫婦となった二人は遊んでばかりで、機織りも牛の世話もやめてしまいました。そこで天帝は二人を天の川に隔たれた両岸に引き離すことにしたのですが、悲嘆に暮れる二人のために一年に一度だけ会うことを許したそうです。

織女という星は古くからある天官の一つで、こと座の一等星ベガのことです。一方、牽牛は元々天官としては存在しなかったのですが、七夕伝説の成立によって、わし座の一等星アルタイルを指すようになりました。二人は、日本では「織姫」と「彦星」という名前でもおなじみです。

もとの物語からは、当時の厳しい結婚制度や、働き詰めなければいけない民衆の悲哀も感じられます。一方で、織女が機織りの名人だったことから、手芸や芸能の上達を願う乞巧奠《きっこうでん》という行事も生まれ、唐の時代に盛んになりました。こうして物語と行事が一体となった「七夕」は奈良時代に日本に伝わり、宮中での定例行事となったのです。また「たなばた」という読み方は、機を織る女性のことを「棚機つ女《たなばたつめ》」と呼んだことに由来するという説が有力です。

なぜ梅雨時に星祭り？

一方、この行事が七月七日に祝われるようになった理由としては、七という数字が二つ重なることに特別な意味があると考えられたこと、そしてちょうどこの時期に天の川やベガとアルタイルが夜中に高く昇ることが挙げられるでしょう。ただし、それは昔ながらの太陰太陽暦、いわゆる旧暦で考えた場合に限ります。旧暦七月七日は、グレゴリオ暦では大体八月ごろに当たるので、梅雨も明けて星がよく見えます。ところが日本では明治時代以降、ほとんどの行事を日付はそのままに新暦であるグレゴリオ暦で実施することにしてしまいました。そのため、梅雨が明けきっておらず、しかも宵のうちにはまだ天の川があまり高く昇っていない悪条件のもとで七夕を祝うことになってしまったのです。ちなみに、中国などでは基本的に旧暦で七夕を祝うので、こうした問題は発生しません。

七夕祭りを月遅れの八月七日前後に実施する地域が多いのは、こうした事情も関係しています。ただ、これでは月の満ち欠けを無視しているので、旧暦どおりであるとは言えません。明治以来、国立天文台は公式には太陰太陽暦の計算をしていませんが、七夕の星に親しんでもらうことを目的に、二〇〇一年から旧暦で七月七日に相当する日を「伝統的七夕」と称して発表しています。つまり「伝統的七夕」という言葉自体は比較的新しいのですが、最近はニュースで取り上げられたり、お祭りでも採用されたりするなど定着しているようです。

ところで、太陰太陽暦で七日ということは、新月から七日経っているので、日没直後は高く昇っていて真夜中に西へ沈む半月が見えるはずです。その形はまるで天の川を渡る船のようにも見えて、織女と牽牛の物語に彩りを添えます。

天文学的超遠距離恋愛

元々日本では貴族たちの行事だった七夕ですが、時代が下ると庶民の間でも盛んになります。願い事の対象もどんどん変化していて、現在では機織りの技術向上を意識する人はほとんどいないのではないでしょうか。それでも織女と牽牛の物語は今でも語り継がれています。江戸時代には、たらいに水を張って波立たせ、そこに映る二つの星の光を合わせるという粋な遊びもあったそうです。

現代では、地球からベガまでの距離は二五光年、アルタイルまでは一七光年で、二つの星同士は一四光年離れていることが分かっています。織女と牽牛が光の速さで移動したとしても、会えるのは一年に一回どころか片道一四年かかりますし、たとえ強力な電波を使って電話したとしても最初の「もしもし」が届くまで一四年、それに対する返事が返ってくるまでさらに一四年を要するのですが、それを言っては野暮というものでしょう。もっとも、夜の街明かりがなかった時代は天の川が非常に濃く見えて、二人の恋人が引き裂かれている様子は現代よりもイメージしやすかったかもしれません。

天の川は銀色に輝いて見えることから、昔から「銀河」という呼び名もあり、中国語では今も使われています。日本語でも「銀河」は使われていたものの、この後で見るように、現代に入ってから意味が変化しました。いずれにしても、東洋では光の筋を川の流れにたとえることが一般的だったと言えます。では、他の地域ではどうだったのでしょうか?

白い乳の流れる道

古代エジプトでは、天の川を牛乳と見なし、牛の女神と関連づけて崇拝することがありました。これは白い色からの連想かもしれません。古代ギリシアでも牛から流れるミルクが天の川のぼんやりとした輝きの正体だとする神話があったと言われており、英語で天の川のことを「ミルキーウェイ（ミルクの道）」と呼ぶのはここに起源がありそうです。もっとも、現在西洋で定着している神話によれば、このミルクは牛乳ではなく女神の乳だということになっています。

物語の主役は、最高神ゼウスが本妻ヘラに内緒で人間の女性との間にもうけた赤ん坊、ヘラクレスです。母親が人間なので、そのままではヘラクレスは神としての力を発揮できません。そこで父親のゼウスは神の乳を飲ますことでそれを補おうと考えたのですが、よりによってヘラを乳母に選んだのでした。最高神といえども浮気がばれるのは怖かったらしく、ヘラが寝ているときにこっそりとヘラクレスに乳を吸わせます。ところがヘラクレスの吸う力があまりに強かったためヘラは目を覚ましてしまい、驚いてヘラクレスを払いのけました。このときにあふれ出たミルクが天の川になったというのです。

神話によれば、その後ヘラクレスは嫉妬したヘラに殺されかけましたがこのピンチを乗り越え、成人してからは超人的な力で様々な偉業を成し遂げます。しし座やうみへび座などは彼が倒した怪物ということになっています。しかし最終的にはヘラの呪いによって死に追いやられ、「ヘルクレス座」として星座の一つになったのでした。

南半球の天の川

アメリカでは、先住民族の一つ、チェロキー族の間で語り継がれてきた神話がよく知られています。ある集落で、乾燥させたトウモロコシをひいた粉を貯蔵しておいたところ、夜な夜な犬がやってきてこれを盗み食いするようになってしまいました。そこである晩、集落の人々は犬がやってきたところで一斉に大きな音を立てて驚かせました。慌てた犬が天高く飛び上がって逃げると、口からこぼれたトウモロコシ粉が空に散らばります。一つ一つの粒が星となり、犬が通った跡には特にたくさん粉が散らばったため天の川ができたのだそうです。

天の川の一部は天の南極近くを通っていて日本からは見ることができませんが、南半球ではこの部分が高く昇って目立ちます。オーストラリアやニュージーランドなどの国旗にも取り入れられている南十字星を筆頭に、天の川沿いで輝く星も異なりますが、川や道のように見えるという点で、北半球でのイメージと根本的なところでは同じだと言えるかもしれません。

たとえば、アボリジニといわれることもあるオーストラリアの先住民たちは、日本と同じように天を流れる川をイメージしていたようです。また、アフリカ南部のボツワナやナミビアに暮らすサン人の一部に伝わる神話によれば、その昔ある少女が焚《た》き火の灰を空に放り投げたことで天の川ができました。一方、同じサン人でも、これを夜空を支える柱だと考える部族も多いようです。

ちなみに、同じく天の南極付近には、天の川から少し離れたところに雲のような塊が大小二つ存在します。オーストラリアの先住民族たちの間では、これらの雲について、天で暮らす人々の家であるとするなどの様々な物語が存在しました。南半球で暮らしていた人々にはおなじみの天体だったのかもしれませんが、北半球では初めて世界一周の航海を達成したフェルディナンド・マゼラン（一四八〇ごろ～一五二一）の一行が「発見」したことになっているため、現在では「大マゼラン雲」および「小マゼラン雲」という名前がついています。

天の川の正体は雲？　それとも星？

ところで、神話以外の方法で天の川の正体を説明しようとした学者はいたのでしょうか。よく知られているのが古代ギリシアの哲学者アリストテレスです。彗星が気象現象だと言い張った（↓第四章　150ページ）彼ですが、なんと天の川も天体ではなく、月より下にある大気の一部だと考えたようです。「天界の物体は全て丸いはずだ」という論理に従うならば、不定形の雲にしか見えない天の川は月下界（↓第一章　48ページ）に分類するしかなかったのでしょうか。星座と天の川の位置関係が全く変化しないことについては、大気の最上部は天の動きに引っ張られて回転しているからだと説明したようです。

アリストテレスの見解は、近代に至るまでヨーロッパやイスラム文化圏に広まっていましたが、誰もが彼の説をそのまま信じていたわけではありません。現在のイランやアフガニスタンに当たる地域で活躍した学者アル＝ビールーニー（九七三～一〇四八ごろ）は『占星術教程の書』（一〇二九ごろ）の中でアリストテレスの説を紹介しつつも、天の川のことを「雲状の星」が集まったものと説明して、天文学の一部として扱っています。

また、神話では天の川が一方通行の川や道に見立てられることが多いのですが、実は天の川はぐるりと天を一周する円を描いています。ただし、七夕で織女と牽牛を引き裂く夏の天の川は比較的明るい一方で、冬の星座の中を通る天の川はやや暗いため、現代ではよほど街から離れた条件の良い夜空でなければ見ることができません。いずれにしても、私たちは地上にいる限り、常に天の川の一部しか見ることができないので、これが輪になっていることに気がつくのは容易ではありません。それでも、プトレマイオスは『アルマゲスト』の中ですでにこの事実を指摘していますし、ビールーニーも同じ見解を示しています。しかし、天の川が円になっていることの意味が分かるのは、近代になってからのことです。

雲状の星はカニの泡？　死体のガス？

ビールーニーが天の川を「雲状の星」の集まりだと表現したことは注目に値します。天の川とは別に、星座を構成する星の中にも、点ではなく雲状ににじんで見えるものがあることが同じ『占星術教程の書』の中で触れられているからです。彼の記述は元をたどれば『アルマゲスト』に沿っているのですが、大小マゼラン雲がほとんど見えない北半球で昔から知られていた「雲状の星」とはどのような天体なのでしょうか。

『アルマゲスト』の恒星一覧表には「雲状の星」が五つ登場しますが、唯一プトレマイオスが固有名で呼んでいるのが「プレセペ」という天体です。これはラテン語で「飼い葉桶」という意味で、周囲を囲む星をロバに見立ててつけられた名前でした。ただ、この伝承とは別に、プレセペは黄道一二星座の一つ「かに座」の中央に位置しています。カニが泡を吹いているユニークなイメージが浮かびます。

一方、中国ではこの天体を「積屍気《せきしき》」、つまり積み重なった死体が放つガス、などと呼びました。ずいぶんおどろおどろしい名前ですね。この天体がぼんやりした外見なのは、この場所に死者の魂が集まっているからだと解釈したようです。

しかしながら、現代ではプレセペは暗い星の集まり、すなわち「星団」であることが分かっています。『アルマゲスト』に登場する五つの「雲状の星」は、実は全て星団なのですが、これがはっきりするのは天体望遠鏡が登場してからのことでした。

星はすばる

プレセペは双眼鏡や望遠鏡がなければ星団だと分からないほど暗い星の集まりですが、肉眼でもはっきりと星の集団に見える天体も存在します。それが、おうし座の方向にある「プレアデス星団」で、標準的な視力の持ち主なら、狭い所に六つか七つの星が集まっていることが分

すばる望遠鏡　口径8.2メートルの光学赤外線望遠鏡
©Masa Ushioda/Visuals Unlimited,inc./amanaimages

かるはずです。ギリシア神話では、この星団はプレイアデス姉妹と呼ばれる七人姉妹が星になったということになっています。

一方、日本語では「集まる」という意味の「統ばる」から、この星団は「すばる」と呼ばれてきました。清少納言が『枕草子』で好きな天体を列挙した段（第四章　157ページ）は「星はすばる」で始まっており、彼女がことのほかこの星団を愛でていたことがうかがえます。「すばる」ほど一般によく知られている星の和名は、ほかには織姫と彦星くらいではないでしょうか。自動車のブランド、歌や雑誌のタイトルなど、「すばる」の名は現代の日本でも至るところで使われています。

一九九九年に日本の国立天文台がハワイ島にあるマウナケア山に建設した世界最大級の望遠鏡にも「すばる望遠鏡」という名前がつけられました。

恒星の位置から季節や方角を知る（↓第三章　135ページ）際にも、プレアデス星団は重要な目印となりました。とりわけ、ハワイを初めとした太平洋のポリネシア諸島では、一年の始まりをプレアデス星団の見え方を基準として決める暦もあったようです。

「本当の星雲」を見つけるのは難しい

さて、プレセペやプレアデスのような星団とは別に、たとえ望遠鏡で観察しても星々に分解することができない、本当の意味での「雲状の天体」も存在します。これら「星雲」のほとんどは天体望遠鏡が使われるようになってから発見されました。数少ない例外としては、一〇世紀に『星座の書』を著したアッ＝スーフィーがアンドロメダ座の方向に見つけた雲状の天体が挙げられます。この天体は一七世紀以降、望遠鏡で観測されましたが、星々には分解できなかったため「アンドロメダ座大星雲」などと呼ばれました。

この他に代表的な星雲としては「オリオン座大星雲」が挙げられます。その名のとおりオリオン座の方向、オリオンが帯の下にぶら下げている剣に相当する部分にあって、空が暗いときに意識して見れば、肉眼でも淡い光の塊として見えるでしょう。写真では、ピンク色で鳥が羽を広げたような形をしていて印象的です。

ただ、現代では非常に有名なオリオン座大星雲ですが、星雲として認識されるようになるのは望遠鏡が登場する一七世紀になってからのことです。プトレマイオスやアッ＝スーフィーらは、星雲の中や周辺の恒星は記録していますが、星雲そのものは見落としてしまいました。そもそも、私たちがよく目にする鮮やかな星雲の写真は、望遠鏡で多くの光を集めた上でカメラのシャッターを開放し、長時間露出を重ねることでようやく撮れるものであって、肉眼ではまず見ることができない姿なのです。

天の川も星の集まりだった！

望遠鏡を本格的に天文学に導入したガリレオも、オリオン座大星雲の方向に望遠鏡を向けたことがあるのですが、彼が残したスケッチには星しか描かれていません。彼が使った望遠鏡の性能は現代から見れば極めて低いのですが、それでもオリオン座大星雲をとらえるには十分だったはずだと言われています。ではどうして星雲が記録されていないのかと言えば、ガリレオは「純粋な星雲など存在しない」と強く考えていたため、思い込みのせいで見落としたか、見えていたのに意図的に無視した可能性が指摘されています。本当にそうだったとすれば、「地球は回っていない」という固定観念と闘ったガリレオらしからぬ話ですね。

ガリレオの思い込みにも根拠がないとは言えません。彼はプレセペなど、従来「雲状の星」と言われていた天体を次々と観察して星団だったことを突き止めています。プレアデス星団を観測した際は、肉眼では見えない暗い星も集まっているのが見えていました。自分の望遠鏡では星雲状に見える天体も、さらに性能のいい望遠鏡を使えば星に分解できると考えたとしても不思議ではありません。

天の川の観察もガリレオに確信を与えていたことでしょう。望遠鏡の力で、天の川が乳の流れる道であるという神話も、気象現象だとするアリストテレスの説も否定され、星座を作る星々と同じ恒星によって形作られていることが分かったのです。この発見は月や木星などの観測結果とともに一六一〇年に出版された『星界の報告』で発表され、ヨーロッパ中の天文学者に衝撃を与えました。

ただ、「天の川も恒星の集まりである」という観察事実が宇宙観を根本的に変えるまでにはもう少し時間がかかります。一方で、ガリレオによる惑星の観測は天動説から地動説へと太陽系のイメージを劇的に転換させて、天文学と物理学の発展に大きく貢献しました。

ニュートンの無限宇宙説

地上と天とでは同じ物理法則が成り立つはずだという考えから、ニュートンによって万有引力の法則が定式化されました。太陽系の中では、惑星と太陽は万有引力によって引き合うものの、惑星が公転するときの遠心力が引っ張る力を打ち消していると考えることで惑星と太陽がぶつからないことが説明できます。ところが太陽系の外に目を向けると不都合が生じます。

二つの天体がどれだけ遠く離れていようと万有引力は働くので、あらゆる恒星はお互いに引っ張り合っているはずです。それでは、一体どうやって星々はぶつかり合わずに間隔を保つことができるのでしょうか？　ある恒星Aが別の恒星Bに引っ張られているのなら、その反対側から別の恒星Cに引っ張ってもらえば万有引力が打ち消し合って安定していられるはずだ、というのがニュートンの答えです。つまり、どの星についてもあらゆる方向からの引力が帳消しになっているということになります。

しかしよく考えてみると、宇宙の大きさが有限だとすればニュートンの言うことは成り立たないことが分かります。もし「これより外側には恒星が存在しない限界」が存在するなら、その境界にいる恒星は内側から一方的に引っ張られてしまうからです。ニュートンの時代には「宇宙そのものが膨張している」（→第六章　230ページ）などという発想は存在しなかったことに注意してください。そのためニュートンは「宇宙は無限に広がっていて、その中で星々はほぼ均一に分布して絶妙なバランスを保って安定している」と主張したのでした。

どうして夜空は暗いのか

ニュートンの友人ハレーは彼の説を支持していたものの、致命的な弱点を見つけてしまいます。宇宙が無限で恒星も無限に存在するなら、空のどの方向を見てもそこに星がなければなりません。遠くにある星は暗いかもしれませんが、無限に集まれば同じこと。全天が太陽のように輝き、夜になっても暗くならなくなってしまうのです！　この問題はその後も数々の天文学者に指摘されており、その一人であるドイツのハインリヒ・オルバース（一七五八～一八四〇）の名前をとって「オルバースのパラドックス」と呼ばれています。

そこで、天の川に注目です。そもそも、特定の方向に恒星がたくさん集まっているというのは、星々がほぼ均一に散らばっているというニュートンの仮説に反しているのではないでしょうか。イギリスの造園家で天文学もたしなんだトーマス・ライト（一七一一～八六）は、恒星はどこまでも同じように散らばっているのではなく、全体としては円盤のように集まっているのではないかと主張しました。太陽系もその中にあるため、円盤に沿った方向を見ればたくさんの恒星が集まる天の川が見えて、円盤に垂直な方向には恒星が少ないので天の川がないことが説明できます。さらに星々が円盤の中心の周りを回り続ければ、太陽系と同じように全体としては安定するはずです。もちろん、円盤の外に星がなければオルバースのパラドックスは解決します。

ライトと同じ考えを展開したのが、哲学者として非常に有名で、若いころは天文学に関する考察も残したドイツのイマヌエル・カント（一七二四～一八〇四）でした。二人が思い描いた恒星の集まりは現代の日本語では「天の川銀河」または「銀河系」と呼ばれています。ただし、ライトもカントも、「星雲」と呼ばれる天体の中には円盤状に見えるものがあることを知っており、これらが銀河系のさらに外にある、銀河系と同じような恒星の集まりなのではないかと推測していました。こうした星雲は「アンドロメダ座大星雲」に代表されるように渦巻きを描いていることが多いので「渦巻星雲」と呼ばれることが多かったのですが、これらが実際には「渦巻銀河」だと分かるのはずっと後のことです。

太陽系から銀河系へ

銀河系の形を初めて観測から描こうとしたのがウィリアム・ハーシェルです。当時はまだ恒星までの距離（→第三章　139ページ）は測定されていませんでしたが、彼は「明るい星ほど地球に近く、暗い星ほど遠い所にある」と仮定して、あらゆる方向における恒星の数や明るさを調べました。こうして一七八五年に、恒星の分布を立体的にとらえた「宇宙の地図」が初めて描かれたのです。

さらに、ハーシェルは一七八三年に太陽系全体がヘルクレス座の方向に動いていることを突き止めていました。現代では、その速度が秒速二〇キロメートルだと分かっています。これらの発見によって、長らく太陽系に焦点を当てていた天文学者たちの視野が一段開け、その外に

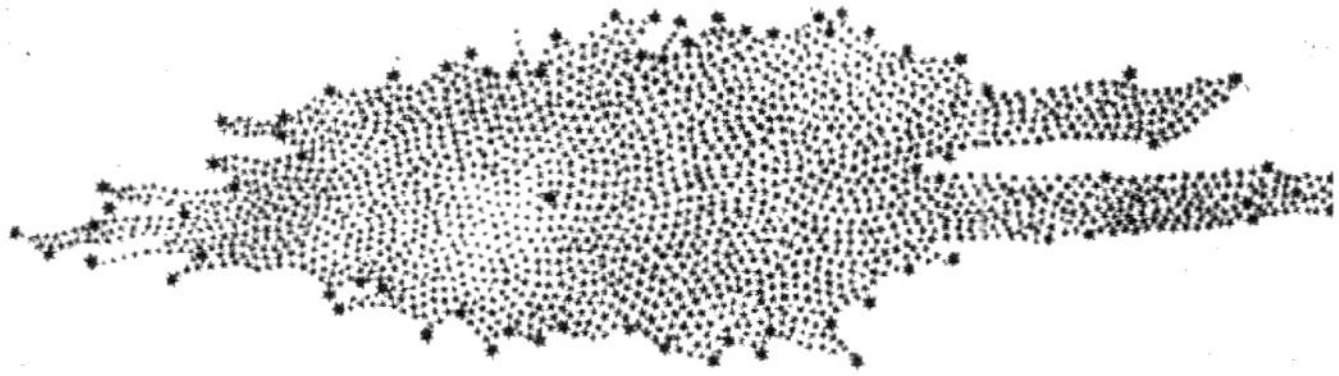

ハーシェルの宇宙の地図

広がる銀河系が研究対象になったと言ってよいでしょう。地動説によって地球が宇宙の中心ではなく太陽の周りを回る惑星の一つとしてとらえられるようになったのと同じように、太陽も銀河の中の恒星の一つであることが決定的になったのです。ただし、ハーシェルは太陽が銀河系のほぼ中心にあると考えていました。

ところで、天の川はところどころで枝分かれしていたり、川中の島のような暗い部分があったりします。ハーシェルはそこが星の少ない部分だと解釈したので、彼の地図では銀河系に切れ込みが入っています。後に、これは光を遮る塵からなる「暗黒星雲」であることが判明し、銀河系はもう少しきれいな円盤、正確に言えば中心が少し膨らんだどら焼きのような形をしていることが分かりました。

星雲星団の名前にMやNGCが多いワケ

一方、星雲や星団も望遠鏡の登場によって続々と新たに見つかるようになりました。そんな中、第四章で紹介したように彗星ハンターのシャルル・メシエが「彗星と紛らわしい天体をまとめる」という意図で天体のカタログを作ります。アンドロメダ座大星雲は三一番目に記載されたので「メシエカタログの三一番」略してM31、オリオン座大星雲は四二番目なのでM42という番号でもよく知られています。

ちなみに、メシエは当初は紛らわしい天体のブラックリストを作るはずだったのですが、星雲星団そのものにも興味が湧いたようです。そして彼が四〇個ほどの天体を見つけて、カタログの第一版を発行しようと決めたとき、彗星と間違えるはずもないプレセペ星団をM44、プレアデス星団をM45として追加したのでした。

ハーシェルはメシエカタログに大いに刺激を受けたと言われています。彼は自作の望遠鏡で天王星を見つけた（↓第二章　99ページ）技術力と観測能力を活かし、同じく優れた観測者であった妹のカロライン・ハーシェル（一七五〇〜一八四八）と協力して、二五〇〇個もの星雲星団をまとめたカタログを一七八六年に出版しました。この仕事はウィリアムの息子ジョン・ハーシェルに引き継がれ、最終的にアイルランドの天文学者ジョン・ドレイヤー（一八五二〜一九二六）によって七八四〇個の天体をまとめたニュー・ジェネラル・カタログ、略してNGCが完成しました。メシエカタログに載っている星雲星団は基本的にNGCにも入っていて、オリオン座大星雲（M42）にはNGC１９７６という番号がついています。本や雑誌に写真が載るような見栄えのする星雲星団の名前には、大抵MかNGCのどちらかが入っているはずです。

星雲と恒星の循環

ところで、星雲が星の集まりではなく本当に雲状の天体なのだとしたら、恒星との間にはどのような関係があるのでしょうか？　この点に関してもカントが先駆的な研究を残しています。彼は、星雲のように散らばった状態の物質が重力によって回転しながら集まり、その中から恒星と惑星が生まれるのではないかという仮説を立てました。これは「星雲説」と呼ばれる理論で、フランスのピエール＝シモン・ラプラスが研究を進めたことで広く知られるようになりました。星雲説は様々な議論を経て修正を加えられつつ、現在では太陽系などの形成を説明する理論として広く認められています。

十分に星の材料が集まった星雲の中からは、一度にたくさんの恒星が生まれると考えられます。そうして誕生した星々は最初は群れていて、やがて散り散りばらばらになるだろうというのが現代天文学の知見です。すばるのような星団も、離散する前の若い兄弟姉妹のようなものだと言えるでしょう。ただし、若いと言ってもすでに一億歳近いのですが。

恒星が寿命を迎えると、太陽のような比較的小さな恒星の場合は白色矮星（↓第四章　174ページ）だけを残してガスと塵をゆっくりと放出し、大きな星は超新星爆発（↓第四章　175ページ）で劇的に物質をばら撒きます。こうして再び星雲に戻り、そこから次世代の恒星が誕生する、というサイクルを繰り返すのです。

疑惑が渦巻く星雲の光

星雲がガスや塵の集まりであることは十分予想できることでしたが、実際に何でできていてどうやって光っているのかが分かったのは、一九世紀後半に分光技術（↓第三章　140ページ）が登場してからのことです。星雲の光を虹の色に分けて分析した結果、その多くは薄く広がった水素などのガスが発光しているものであることが分かりました。

恒星と星雲の輝きの違いは、白熱電球と蛍光灯にたとえるのがよいかもしれません。白熱電球が電力によって数千度の高温に加熱されたフィラメントの発光を利用するのと同じように、恒星も核融合（↓第一章　22ページ）による高温で輝きます。一方、蛍光灯はガラス管の内側に塗られた蛍光塗料に紫外線を当てることで光らせますが、星雲も、ガスが近くにある恒星などの光をエネルギーとして吸収し、ガスの種類に応じた特定の色で光を再放出しています。

分光観測によって、近くにある星の光を直接反射していると思われる星雲も見つかりました。これは現在では、星雲の中に含まれる小さな塵粒の仕業だと説明することができます。しかし、アンドロメダ座大星雲（M31）などの渦巻星雲は、恒星に隣接しているわけでもないのに、恒星と同じ性質の光を放っていることが分かりました。こうなると、ガリレオと同じ発想が出てきます。渦巻星雲が雲状に見えるのは望遠鏡の性能が低いからであって、本当は恒星の集まりだという可能性はないのでしょうか？

銀河のほとりを走る鉄道の旅

同じころ、日本では明治維新によって、それまで限定的にしか入ってこなかった西洋の最新の天文学的知識が本格的に入ってくるようになりました。東京大学の「星学科」などといった研究拠点や体制も整備されます。天の川が恒星の集まりだということも広く知られるようになりますが、それによって七夕の祝い方が変化したわけではありません。どちらかというと、同じ明治時代から太陽暦が採用されて七夕の季節が変わってしまった（→184ページ）ことの方が影響の大きな出来事だったと言えるでしょう。

西洋天文学と銀河系という概念が普及したことで、わが国には新しい物語が生まれました。宮沢賢治（一八九六～一九三三）の『銀河鉄道の夜』です。賢治は東洋の伝統的なイメージどおり銀河を川に見立て、その川岸に沿って走る鉄道に乗ったジョバンニとカムパネルラの旅を描きました。彼らは白鳥の停車場や蠍《さそり》の火などのように西洋星座をモチーフにした場所や光景を通過していきます。

一方、物語は学校の授業風景から始まります。先生は望遠鏡で見れば天の川が小さな星々でできていることが分かると教え、砂粒の入った凸レンズの模型を使ってその全体像を示しました。こうして東西の伝承に科学的知識を織り交ぜて想像力を膨らませることで、『銀河鉄道の夜』は深みのある物語になっています。

ところで、『銀河鉄道の夜』の中で「銀河」という言葉は「天の川」もしくは私たちの「銀河系」という意味でしか使われていません。しかしながら、賢治がこの小説を何度も推敲しながら書いていた一九二四年ごろから晩年の一九三一年にかけて、この天文用語の意味は大きく変わろうとしていたのです。

天の川を測るものさし

銀河系の外にもたくさんの「銀河」が散らばっているのではないかというライトやカントの仮説は、一九世紀の分光観測によって証拠を得ましたが、まだ決定力に欠けていました。M31などの「銀河」かもしれないと言われた星雲までの距離が測定できなかったからです。一九世紀にようやく見つかった年周視差（↓第三章　139ページ）による測定も、精度のため太陽系のごく近くにある一握りの恒星にしか適用できませんでした。つまり、銀河系の外を考える以前に、天の川の大きささすら把握できていなかったのです。

この状況を解決するきっかけになったのは、一九一二年にアメリカのヘンリエッタ・スワン・リーヴィット（一八六八〜一九二一）という女性が発表した論文です。当時はまだ女性が科学者として活躍できる道は限られており、リーヴィットもハーヴァード大学の天文台で写真データを整理する「コンピューター」として勤めていました。電子計算機が登場するまで、コンピューターという言葉は文字どおり「計算をする人」という意味で使われていたのです。ハーヴァード大学天文台では彼女のような女性のコンピューターが何人も雇われていました。

リーヴィットは大マゼラン雲と小マゼラン雲の写真を分析していました。この二つの「雲」は天の川同様、無数の星が集まっている天体であることがすでに判明しており、彼女はそこから変光星（↓第三章　141ページ）を見つける仕事を任されていました。彼女は根気よく約二〇〇〇個の変光星を見つけます。さらに、その中でも「ケフェイド」と呼ばれるタイプの変光星には「変光周期が長い星ほど明るい」という関係があることを突き止め、一九一二年に発表したのでした。

この発見によって、変光周期を観測するだけでそのケフェイドの本当の明るさを計算することができるようになりました。これに対して見かけの明るさは地球から近いほど明るく、遠いほど暗くなるはずなので、本当の明るさと見かけの明るさを比較することで、ケフェイドまでの距離が分かります。使える場面は限られているものの、年周視差よりはるかに遠くまで届くものさしが手に入りました。

宇宙の大きさと銀河を巡る「大論争」

アメリカの天文学者ハーロー・シャプレー（一八八五〜一九七二）は一九一八年に早速、「球状星団」と呼ばれるタイプの星団に含まれるケフェイドを観測しました。そして、かつてハーシェルがやったのと同じ要領でその分布を調べています。ハーシェルの場合は距離を調べる術がなかったので、「明るい星ほど太陽系に近い」「太陽系は銀河系の中心にある」という不正確な仮定をしていました。一方シャプレーの研究はずっと精度が高く、太陽系の位置が銀河系の中心から比較的外れていることを突き止めたのです。しかしながら彼は球状星団までの距離を大きく見積もりすぎていて、結果的に銀河系の大きさも三〇万光年と過大に計算してしまいました。仮に他の渦巻星雲もこれだけ大きいのだとすればつじつまが合わないので、シャプレーは銀河系こそが宇宙に存在する唯一の銀河なのだと信じました。

そのころ、同じくアメリカの天文学者であるヒーバー・ダウスト・カーティス（一八七二～一九四二）は逆の結論に達していました。彼は渦巻星雲の中にしばしば新星（→第四章　174ページ）が出現することに注目しました。他の方向ではなかなか見られない新星が渦巻星雲の中に頻繁に出現するのは、これらがガスの集まりではなく、はるか遠くにある無数の星の集団であると考えれば説明がつきます。その上、これらの新星が他の場所に出現する新星よりも暗いことも、渦巻星雲までの距離が非常に遠い証拠とされました。しかしカーティスは肝心の距離を実際に測定する方法を見つけられなかった上に、銀河系の直径を三万光年と過小評価してしまいました。また太陽系の位置についても、旧来どおり銀河系の中心近くとしています。

ちなみに、現在分かっている正しい銀河系の直径は約一〇万光年です。参考までに、恒星も惑星に比べればあまりに遠くて二〇〇年前までは距離を測ることすらできませんでした（↓第三章　139ページ）が、太陽の隣の恒星までの距離は「たった」四光年です。銀河系の端から端までは光の速さで一〇万年もかかるわけですが、今から一〇万年前と言えばまだ私たち現生人類の共通祖先がアフリカ大陸にいたころです。

一九二〇年にシャプレーとカーティスはアメリカ科学アカデミーで議論を戦わせました。これは天文学史上に残る「大論争（The Great Debate）」として記憶されています。しかし両者ともに異なる現象を証拠として使っていたこともあり、この時点では決着がつきませんでした。

天の川を越えて銀河の世界へ

この時期からアメリカが天文学の分野でも目立つようになった要因の一つに、裕福な資本家たちが科学研究のために莫大な寄付をしていたことが挙げられます。機械工業で財をなしたジョン・フッカー（一八三八〜一九一一）や鋼鉄王と呼ばれたアンドリュー・カーネギー（一八三五〜一九一九）が有名な例で、彼らの出資によりカリフォルニア州のウィルソン山天文台に直径一〇〇インチ（約二・五メートル）もの鏡で光をとらえる望遠鏡が完成しました。この望遠鏡は一九一七年に完成してから一九四八年までの間、世界最大の望遠鏡でした。

ちょうどそのころにウィルソン山天文台に赴任したエドウィン・ハッブル（一八八九〜一九五三）は、一九二三年にアンドロメダ座大星雲M31の中にケフェイドを見つけました。これを皮切りにいくつかの渦巻星雲でケフェイドを探して距離を測定すると、その成果を最初にまとめた一九二五年の論文で、ハッブルはNGC 6822という渦巻星雲が七〇万光年離れたところにあると発表します。これはシャプレーが過大に見積もった銀河系のサイズと比べても大きな数値であり、事実上大論争に終止符を打つものでした。渦巻星雲も銀河だと主張したカーティスに軍配が上がったのです。

さらに一九二九年に発表した論文で、ハッブルはアンドロメダ座の「大銀河」M31が九〇万光年もの距離にあるとしました。実はこれさえも過小評価で、観測精度などが向上した現在では、M31までの距離は約二三〇万光年だとされています。ともあれ、ハッブルのおかげで私たちが知る宇宙が大きく広がったことは確かです。

「己を知る」のが一番難しい

ハッブルは銀河にも様々な形状があることを意識して、これを分類したことでも知られています。M31のような銀河は渦を巻いているように見えるので前述したように渦巻銀河と呼ばれますが、これに対して特に目立った構造を持たない楕円銀河というのも存在します。ハッブルはこの二つのグループをさらに細かく分けて、銀河が楕円状から渦巻銀河へと「進化」していくという仮説を立てました。今ではこの考えは間違いとされていますが、ハッブルの分類法そのものは使われています。

さて、十分な性能の望遠鏡があれば、遠くにある銀河の形を観察することは一応はできますが、厄介なのは私たちの銀河系そのものです。外から見た銀河系の形を把握しようとするのは、木々に囲まれながら動かずに森全体の形を描こうとするような難題と言えるでしょう。特に、天の川を分断しているように見える暗黒星雲は視線を完全に遮っているため厄介です。これを克服して研究を大きく前進させたのがオランダの天文学者ヤン・ヘンドリック・オールト（一九〇〇～九二）でした。

彼はまず一九二七年に恒星の動きを解析することで、太陽が銀河系の中心から離れていることを示しました。この点ではシャプレーも正しかったことが証明されたのです。現在では、太陽系の位置は銀河系中心から約二万五〇〇〇光年あたりだと考えられています。円盤の端にいるとは言えませんが、真ん中寄りというわけでもありません。第二次世界大戦後の一九五一年からは、オールトは他の天文学者と協力して、星と星の間に広がるガスが発する電波を検出するプロジェクトを開始しました。この電波は暗黒星雲を通り抜ける性質を持っているため可視光よりも圧倒的に有利です。こうしてオールトはガスの分布を調べ、銀河系も渦巻銀河の一種であることを示しました。

見えざる九割の暗黒物質

こうした研究から分かるのは、銀河というのは単なる恒星の集団ではなく、大量のガスや塵も織り交ぜた複雑な天体だということです。ガスと塵の一部は恒星の光によって星雲として輝き、またカントやラプラスが考えたように集まって恒星や惑星の材料となります。ところが銀河を形成する物質はそれだけではありません。

銀河系内の恒星を丹念に調べていたオールトは、その動きを説明するには見えている恒星およびガスや塵からの重力だけでは足りないことに気づき、一九三二年に発表しました。この未知の重力源は「暗黒物質」または「ダークマター」と呼ばれるようになりました。このダークマターは可視光はおろか、電波や赤外線など、どんな電磁波を使っても観測できません。現在に至っても性質がよく分かっていないのですが、おそらく銀河系の質量の九〇%くらいはダークマターだろうと言われています。私たちの銀河系には太陽を含め約二〇〇〇億個の恒星があると推測されているのですが、それに少しばかりの星間ガスや塵を加えても全質量の一割でしかありません。

宮沢賢治には思いも寄らなかったかもしれませんが、こうした現代の銀河系像を表す上で、

『銀河鉄道の夜』の冒頭の授業で先生が見せた凸レンズの模型がぴったりです。ダークマターと違ってガラスは赤外線を通さないものの、可視光で見る限りは透明です。レンズの中で目立つのは砂粒の集まりですが、重さに寄与しているのはガラスの方です。

「でもレンズの奥の景色が歪むせいで、ガラスははっきり見えるんじゃないか」と思われたでしょうか。鋭いですね。実は同じことがダークマターでも起きるのです。アインシュタインが一九一六年に発表した一般相対性理論によれば、重力は光を曲げることができます。従って大量のダークマターがあれば、その重力によって奥の景色は歪んで見えることでしょう。この現象は「重力レンズ」といわれていて、この後で見るような極端な状況でははっきりと観測できます。

銀河のもう一段階上にある存在

恒星が集まって銀河になるのなら、銀河も何か集団を作っているのではないか、というのは当然の疑問です。実際、銀河がまだ渦巻星雲と呼ばれていた時代からすでにこうした天体が多く集まっている領域が知られていました。銀河が数百個以上集まっている領域は「銀河団」と呼ばれ、その方向の星座名をとって「おとめ座銀河団」や「かみのけ座銀河団」などと呼ばれています。またもう少し銀河が少ない場合は「銀河群」といって、私たちの銀河系もM31などとともに数十個の銀河が集まった銀河群を形成していると考えられています。

ちなみに、おとめ座銀河団の中心は銀河系から約六〇〇〇万光年離れたところにあって、半径七〇〇万光年ほどの領域に一五〇〇個前後の銀河が集まっています。ますますスケールが大きくなってきましたね。さて、銀河はただの恒星の集団ではなく一つの天体と言えることをこれまで強調してきましたが、銀河団はどうでしょうか？　実はこれも単なる銀河の寄せ集めではなさそうなのです。

オールトが銀河系のダークマターの証拠を見つけていたのと同じころ、スイス出身の天文学者フリッツ・ツヴィッキー（一八九八〜一九七四）は、かみのけ座銀河団を構成する銀河を分析していました。そして一九三三年に、それぞれの銀河の速度が速すぎてそのままでは散らばってしまうことに気づきます。個々の銀河による重力だけでは、お互いをつなぎ止めて集団を維持できないのです。そこでツヴィッキーは銀河団の中に隠れたダークマターがあるだろうという結論に達しました。

このことが検証できるようになるまでに五〇年以上かかりましたが、ツヴィッキーの予想はおおむね正しく、銀河団の質量で銀河そのものが占める割合はわずか一パーセントでしかありません。そしておよそ九パーセントが銀河と銀河の間に広がっている薄いガスで、九〇パーセントがダークマターだと考えられています。再び『銀河鉄道の夜』のたとえを使うと、銀河団は砂粒入りの水晶玉のようなものだと言えます。ただし、今度は一つ一つの粒が丸ごと一個の銀河なのです。

これだけ大きなスケールになれば重力レンズの効果がはっきりと現れます。銀河団の奥に別の銀河や銀河団があると、その形が水晶玉を通して見たかのように歪んだり、場合によっては同じ銀河の像が複数個見えたりするなどの現象が観測されています（↓179ページ）。

宇宙を知るには銀河をたどれ！

一九七〇年代になると、我々の銀河系やM31を含む銀河群は、おとめ座銀河団などとともに「おとめ座超銀河団」を形成しているのではないかという説が登場します。その一方で、一九八一年には銀河がほとんど存在しない直径一億光年もの「ボイド（空洞）」が見つかりました。超銀河団はボイドを包む膜のように広がっており、これらがいくつも重なることで、泡が集まったような状態になっているのです。これは「宇宙の大規模構造」と呼ばれています。

銀河そのものに関する研究も進みました。ハッブルの予想とは逆に、宇宙の年齢（↓第六章232ページ）が若かったころは渦巻銀河が多く、渦巻銀河同士が合体することで楕円銀河になるというように、銀河の「進化」の道筋も解明されつつあります。私たちの銀河系とM31も秒速一二二キロメートルというスピードで接近していて、約四〇億年後には衝突して最終的に楕円銀河になるだろうと言われています。

「星学」としてわが国に導入された一九世紀までの天文学は、惑「星」が主役の太陽系から恒「星」が形作る銀河系へと対象を広げてきましたが、ここ一〇〇年間では一気に視野が拡大して「銀河」の世界へと突入しました。宇宙全体の構造を考える上では、銀河を最小のパズルピースとして扱うことも少なくありません。もちろん、銀河を形成する恒星も重要な天体であることに変わりないのですが、今では「銀河の中で」どうやって物質が集まって恒星となり、発達して寿命を迎え新たな恒星の材料に還元されるか、という観点が大事になっています。そして星のライフサイクルを知る上では、かつては得体の知れない「雲状の天体」としてしか語られなかった星雲や星団が今では重視されているのです。

第6章

時空を超える宇宙観

インド・ジャイナ教の「ローカプルシャ」
宇宙を巨人とみなして上半身に天界、下半身に地獄を配置

空間と時間

私たちはこれまでに、空と大地、太陽系、恒星の世界、そして銀河と、少しずつ視野を広げてきましたが、これは人類が認識していた宇宙の限界が天文学の歴史とともに広がってきた過程とも重なります。そこで旅を締めくくる本章では、宇宙そのものをテーマとしましょう。昔の人々は宇宙をどのように認識していたのでしょうか。

まずは「宇宙」という言葉そのものについて触れた方がよいかもしれません。「宇」という字は元々「屋根の縁」を意味し、そこから「空間」を指すようになったようです。一方、「宙」には屋根を支える「棟木《むなぎ》」という意味合いがありましたが、同じ「由」を含む漢字である「軸」とイメージが重なった結果、循環する季節の中心にあるもの、すなわち「時間」も表すようになったと言われています。中国で紀元前二世紀ごろに成立した『淮南子《えなんじ》』には「往古来今謂之宙、天地四方上下謂之宇（過去・現在・未来のことを宙といって、四方や上下のことを宇という）」という言葉がありますが、これはまさに時間と空間の両方を指していると言えるでしょう。

もっとも、当時の「宇宙」という言葉は「地球の外の、天体が存在する領域」ではなく、今で言う「世界」とほぼ同じ意味合いで使われていたと考えられます。日本にもこの意味で「宇宙」という言葉が伝わっていて、江戸時代には「世界」と「宇宙」が同義語として共存していたようです。時代が下って明治時代に西洋の学術用語を和訳する必要が生じたとき、「宇宙」

は英語の「ユニヴァース（universe）」に対応する科学用語として定着しました。ちなみに、元の「ユニヴァース」には「ひとまとめにされたもの」という語源があります。「スペース（space）」という言葉もありますが、こちらはカタカナ言葉でも使うように、「空間」を意味します。「宇宙」を「ユニヴァース」や「スペース」の訳語として使うとき、私たちはもっぱら「空間」の方にとらわれがちです。しかし「宇宙」が時間も含む概念であることは、昔の宇宙観や世界観を知る上でも重要なポイントとなります。世界がどのような形をしているかという問いは、世界がどのように生まれ、どのような運命をたどるのかという問いと重なっていたのです。これは「宇宙」という言葉を使った古代中国に限ったことではありません。

人間が宇宙となる

様々な神話をひもとくと、世界がどのような形をしているかという記述は、必ず世界がどのように創られたかという説明とセットになっていることが分かります。また、多くの神話には比べてみるとよく似たパターンが存在します。一つの神話が各地に散らばったとするだけではこの事実を説明しにくいので、人間が世界をとらえるときの思考方法というのは地域や時代を超えて同じだったのだと解釈する研究者もいます。ただ、それが事実なのかどうかについては意見が割れるところです。

世界の創造に関して典型的に見られるパターンの一つは、巨大な人間そのものが世界を形作るというものです。中国では、三世紀以降の神話集に登場する盤古《ばんこ》という巨人が知られていました。盤古は、まだ世界が混沌としていたときに生まれ、長い時間をかけて成長しながら天と地を引き離したとされます。神話によれば、彼が成長を終えて死んだときに、両目が太陽と月になるなど、その死体から森羅万象が生まれました。

これに極めてよく似ているのがインドの巨人プルシャの伝承です。それによれば、原初の混沌の中から金色の卵が発生し、その中からプルシャが生まれて二つに割れた殻を上下に押し広げました。二つの殻は天と地になり、プルシャの死体はその間で、神々や人間を含むあらゆるものへと変化したといいます。この神話の原型は三〇〇〇年以上前に成立したバラモン教の聖典『リグ・ヴェーダ』に見られ、のちにヒンドゥー教にも受け継がれました。同じインドの宗教であるジャイナ教にはローカプルシャ（世界人間または宇宙人間）という概念があります。宇宙を天界・私たちの大地・地獄の三階層に分けた縦長の形を人間にたとえたのです。（→215ページ）

もう一つ例を挙げると、古代エジプトに伝わる神話の一つでは天はヌートという女神、地はゲブという男神の姿でした。きょうだいであり夫婦でもあった二人は最初絡み合っていましたが、父で大気の神であるシューが両者を引き離したことで天と地が分かれました。

神話から哲学へ——しかし神は残った

これらの神話には、元々混沌としていた状態が天と地に分かれることで世界が誕生する、という共通点もあります。「天地開闢《かいびゃく》」という表現を目にしたことのある方も多いのではないでしょうか。また、天地に分かれる前の世界が沼のようにドロドロした状態や水の塊のように表現されるのもよく見られる特徴です。このような発想は古代メソポタミアの神話にも見られ、それは古代ギリシアで記録の残る最古の哲学者であるタレス（紀元前六二四ごろ〜紀元前五四六ごろ）にも影響を与えたという説があります。タレスはそれまでと違って、神話を使わずに世界の成り立ちと形を説明しましたが、そこで彼が万物の根源と見なしたのは水でした。最初は水だけが存在し、その中から海に浮かぶ大地などの万物が生成されたというのです。

タレス以降の哲学者も、神を想定しない合理的な宇宙観を模索しましたが、ある者によれば万物の根源は空気、別の者によれば火というように様々な考えが登場しています。最終的にヨーロッパやイスラム文化圏で長らく「定説」となったのは、地球が土・水・風・火の四元素からできているとするアリストテレスの理論（↓第一章　48ページ）です。アリストテレスはさらに、地球以外の天体およびそれらを動かす天球は四元素のいずれとも異なる物質でできていると考えました。この「第五元素」はエーテルと呼ばれるようになります。

一方、アリストテレスは宇宙の始まりというものを想定しませんでした。彼の師であるプラトンが想定したような「理想的」な形である円軌道を描いて球形をしている惑星（↓第二章86ページ）が、別の状態から今の形に変化したとは考えられなかったからです。また、惑星を乗せた天球が動く仕組みについては、内側の天球は外側の天球に引きずられることで回り、一番外側の天球は「第一の不動の動者」なる存在によって動かされているという議論を展開しました。結局これは、いらなくなるはずだった「神」そのものに他なりません。一神教であるイスラム教やキリスト教はこの「不動の動者」を自分たちの神と解釈することができたので、アリストテレスの宇宙観との親和性は高かったのです。

天体の計算と宇宙の構造は別問題

ギリシア天文学の集大成となるプトレマイオスの『アルマゲスト』では、宇宙の起源についてはもはや問われることすらありません。同書の目的は地球から見た天体の位置を正確に計算することに他ならなかったからです。実を言うと、『アルマゲスト』には地球から惑星までの距離すら書かれていません。極論を言えば、当時の「天文学」が目指すのは空における星の動きを正確に計算することであり、宇宙がどういった構造をしているかを探るのは二の次だったのです。プトレマイオスは『惑星仮説』という本を書いて惑星までの距離を考察してもいるのですが、同書は『アルマゲスト』のようには普及しませんでした。

九世紀ごろから『アルマゲスト』を受容したイスラム文化圏でも、当初は天体の見かけの位置を精度よく計算して記述することが重視されていました。ところが、光学の研究で有名なイブン・アル＝ハイサム（↓第一章　33ページ）はそれだけでは満足していません。彼は『プトレマイオスへの疑問』という本を書き、プトレマイオスの惑星モデルが見かけの動きを説明することを重視するあまり、プラトンらが思い描いた「一様な円運動」という理想からはかけ離れてしまっていること、そして物理的に組み立てようがない構造になっていることを指摘しました。

アル＝ハイサム以降、イスラムの天文学者たちの間では宇宙の構造を解明しようとする姿勢が目立つようになりました。彼らはコペルニクスやガリレオのような革命的な業績を残すことはできませんでしたが、こうした意識の変化があったことは注目に値します。

ヒンドゥー教と天文学の奇妙な関係

一方、『アルマゲスト』よりも古いギリシア天文学の影響を強く受けたインドでは事情が少し異なりました。五世紀以降にヒンドゥー教徒たちが書いた主要な天文学書は、惑星までの距離や世界が創造されたときについて具体的な数値を記述したり、計算に使ったりしています。彼らによれば、地球の周りを回る全ての惑星は四三二万年ごとに一直線に並びます。この時間は「一ユガ」と呼ばれ、世界の創造と破壊はこの周期を基本単位として繰り返すのだと考えられました。「ユガ」という言葉自体は、長い時間周期を表す言葉として昔から使われていたのですが、ギリシアの天文学とインドに存在した伝統が融合した結果、このような概念が生まれたのではないかと考えられます。

ただ、新しい天文学と昔ながらの宗教との間には解消が困難な差異が数多くありました。プルシャの伝承の例で見たように、ヒンドゥー教の宇宙観は平らな大地の上に天があるというものです。世界は現在の単位で言えば数億キロメートル以上の大きさに広がっていて、真ん中には高さが何万キロメートルもあるメール山がある、といった記述が聖典にあります。ちなみにメール山というのは須弥山《しゅみせん》と漢訳され、日本にも仏典などにその名が見られます。

それに対して、実際には地球は球形であり、直径は一万キロメートル程度だということは、天文学書の著者たちにとってはほとんど常識でした。ただ、彼らもヒンドゥー教徒であり、天文学書の序文には必ず神を称える言葉を入れるほどでしたから、聖典をないがしろにするわけにはいきません。そこで、メール山は世界の中心ではなく地球の北極点にあり、高さも約一〇キロメートルだというように、矛盾しない範囲で伝統的な世界観を取り込んでいったのです。

少し時代が下りますが、パラメーシュヴァラ（一三六五ごろ～一四五〇ごろ）という天文学者は世界の大きさに関する食い違いについて「天文学では地球の直径を問題にするが、昔の聖人が世界の大きさと言っているのは、実は直径ではなく体積のことなのだ」という画期的な解釈を示しました。実際に地球の体積を計算してみれば、数億立方キロメートル以上になります！

しかしこうした力業でも矛盾が解消できないときはどうしたのでしょうか。インドの天文学書にはよく「これはあくまで見かけを説明するための方便だ」という言い回しが登場します。「究極の真実」は天文学では知覚しようがないというのです。天文学者たちのこのような態度のおかげもあってか、ヒンドゥー教との間に深刻な対立があったという記録は残されていません。

ニュートンも神に任せた問題

プトレマイオスやインドの例では、天文学者は天体の位置を計算することに専念しており、宇宙観の問題にはあまり首を突っ込もうとしていないことがうかがえます。後のイスラムのように例外はあったかもしれませんが、古代の各地で「天文学者」と呼べるような職業についていた人々は、宇宙の起源や構造については深入りしないか、少なくとも惑星の計算とは別の問題として扱っていた傾向があります。

イスラムからの知識の流入があったヨーロッパでは、太陽系の構造をよりうまく説明しようとしたコペルニクスが地動説を考案しました（↓第二章 96ページ）。その後ガリレオやケプラーの活躍を経て、ニュートンによって現在のような太陽系像とそれを説明するための万有引力の法則が確立しました。しかしどうして遠く離れた物体同士を引きつける万有引力などというものが存在するのかという問いに対して、ニュートンは答えを用意していません。また、第五章で見たように、ニュートンの理論に従うならば宇宙は無限に広く、星々は互いにバランスを取り合いながら存在し続けていたことになります。これでは宇宙の始まりを科学的に説明することはできません。

ちょうどそのころ、アイルランドのジェームズ・アッシャー（一五八一〜一六五六）という大司教が聖書の記述を丹念に調べて計算した「世界が作られた年代」が学者たちに広く支持されていました。それによれば、神による天地創造は紀元前四〇〇四年だということになります。ニュートンはアッシャーの説に根本的に反論することはなく、むしろ自分でも計算して紀元前四〇〇〇年という数値を主張しました。結局この問題はニュートンですら「神頼み」だったというわけです。

イギリスとヨーロッパ大陸の近代的宇宙観

ところで、ニュートンの物理学と宇宙観はすぐに認められたわけではありません。イギリスでは比較的よく受け入れられた一方、フランスなどのヨーロッパ大陸側の国には反論する学者も少なくありませんでした。ニュートンの代わりに支持されていた説の一つが、フランスの哲学者ルネ・デカルト（一五九六～一六五〇）の「渦動説《かどう》」です。

かつてアリストテレスは地球の外は全てエーテルでできていると考えましたが、デカルトも宇宙空間を満たす物質があると考えてこれを「エーテル」と呼びました。このエーテルが至るところで渦を巻いていて運動を引き起こすというのが渦動説の考え方です。遠く離れた所に魔法のように伝わる万有引力と違って、エーテルとの接触によって力が伝わると考える渦動説はある意味合理的にも思えます。また世界の起源についても、大きな渦が発達して太陽とその周りを回る惑星になったとするなど、説明をつけることが可能でした。

ただ、地球が太陽の周りを回ったり自転したりするのがエーテルの作用によるのだとしたら、赤道の周りの方が強く押されているはずなので、地球は南北に伸びた形をしていなければなりません。これに反して一八世紀以降、実際に地球を測量してみると赤道方向に膨らんでいることが分かり、むしろニュートンの力学に基づいて遠心力で説明した方がよいことが分かりました（↓第一章　64ページ）。

こうして渦動説は否定されましたが、エーテルという概念はさらに形を変えてしぶとく生き残ります。光には波としての性質があることが分かったので、海の水が波を伝えるように、宇宙空間を光が伝わるためには他の物質と干渉しない媒質であるエーテルが必要だと考えられたのです。

地面の下から出てきた証拠

世界の起源に関する問題は、空の上を見上げることではなく、地面の下を掘ることで新たな展開を迎えました。一八世紀に入ると化石の発掘と研究が進み、恐竜のように現在は存在しない生物がかつて地球にいたことが分かってきました。また、地層の積み重なりは地球誕生からたかだか六〇〇〇年ほどで作られたようには見えません。

そんな中、フランスのビュフォン伯は地球の年代を実験で求めるという画期的なアイデアを実行に移します。彗星が太陽にぶつかったときの破片から地球が生まれたという彼の発想（↓第四章　166ページ）は現代の視点からは突飛に映りますが、そこから原初の地球は溶岩のように熱い状態であり、時間をかけて現在の温度まで冷えたはずだ、とした推論は納得できます。そこでビュフォンは冷却にかかった時間を検証するために、鉄などの様々な素材で作った球を炉で加熱し、そこから室温まで冷える時間を計測し、表面積と体積の違いを考慮して計算を行ったのでした。

ビュフォンの計算結果では、地球の年齢は約七万五〇〇〇歳というものでした。現在の知識と比べれば短い値ですが、聖書の年代に比べればはるかに長いものです。この結果に対して、聖職者たちはもちろん同じ科学者たちの間からでさえも異議が相次いだため、ビュフォンは仕方なく自説を撤回しました。しかし、地質学の発展とともに様々な証拠が集まり、地球は数万歳どころか数億歳であるということは否定しがたくなってきます。

一九世紀後半になると、もはやアッシャーらの聖書による年代は顧みられなくなりましたが、地球は数十億歳だとする地質学者たちの主張に対して最後の抵抗勢力が現れました。意外かもしれませんが、それはイギリスのケルヴィン卿に代表される物理学者や天文学者たちだったのです。彼らは太陽のエネルギー源がせいぜい数千万年しか持たないと考えた（↓第一章　21ページ）ため、地球がそれよりも古いはずがないと主張したのでした。もちろん、二〇世紀に核融合反応が発見されるとこの矛盾も解消されました。

エーテルの終焉《しゅうえん》

地球の年代に関する理解が深まる一方で、太陽系の起源に関してはカントやラプラスの「星雲説」（↓第五章　201ページ）が登場していました。これは渦動説と違い、ニュートンの物理法則を使って宇宙の歴史に迫ることのできる理論です。しかし同時に、天文学者たちが「宇宙」として意識する領域は太陽系から銀河系へと広がっていました（↓第五章　198ページ）。そしてこの意味での宇宙全体の起源を探ることに関しては、まだまだ天文学は無力だったのです。

科学者が正面から「宇宙の始まり」という問題に取り組めるようになったのは、時間と空間に対するとらえ方が根本的に変わってからのことです。その第一歩は、微妙に解釈を変化させながらもまだ残っていた「エーテル」という概念を完全に否定することから始まりました。

前述のようにアリストテレスやデカルトらの理論にも登場したエーテルですが、一八世紀から一九世紀にかけては光の波を運ぶ媒質という意味で使われていました。水が波を伝え、空気が音波を伝えるのと同じように、宇宙を均一に満たすエーテルが光を遠くへ伝えるのだというわけです。しかし、一九世紀の終わりになってこのエーテル仮説が致命的な欠陥を抱えていることが判明しました。地球は静止しているはずのエーテルの中で太陽の周りを回るなど動いているので、地球上の私たちから見ればエーテルは動いているはずです。これは走行中の車から顔や手を出すと強い風が吹いているように感じるのと似ています。この「エーテルの風」が追い風となる方向では光が速くなり、向かい風なら光は遅くなるはずなのですが、どんな向きで計測しても光の速度は一定であることが分かったのです。

二つの相対性理論

そうした中でアインシュタインが一九〇五年に特殊相対性理論を発表しました。この理論ではエーテルの存在は完全に否定され、光はどんな状況でも一定の速度、つまり光速で進むものだと考えます。ポイントは観測者が止まっていようと進んでいようと、常に光速が一定に見えるということです。一見矛盾しているこの状況は、空間や時間の方が伸び縮みすることで説明されます。そのために光速に近い速度で進む宇宙船は前後に縮んだり、時間の進みが遅くなるといった奇妙な状況が発生するだろう、とアインシュタインは予測しました。現在では、ロケットや飛行機に載せた時計がほんのわずかだけ遅れることが実証されています。

この特殊相対性理論をさらに発展させて重力を考慮に入れたのが、アインシュタインが一九一六年に発表した一般相対性理論です。万有引力の法則では説明のつかなかった重力の正体について、一般相対性理論では「質量を持った物体が存在することによる時空の歪《ひず》み」と解釈します。質量の大きな物体が存在するとその周りの空間も歪んでしまうために光が直進できなくなり、重力レンズ（→第五章　211ページ）のような現象が発生するというわけです。

ニュートンの物理学はあまり高速で動いていない、私たちにとって身近な環境ではよく成り立ちますが、光速近くで動く物体などのように極端な状況では当てはまりません。一般相対性理論はそうした場合にも成立する、いわばニュートンの理論に対するアップデートのような側面もあるのです。さて、ニュートンによれば、宇宙は無限に広くなければ重力で潰れてしまうことになりますが、一般相対性理論ではどうでしょうか？

宇宙は広がっていた！

アインシュタインが導き出した結論は、やっぱり宇宙は縮んでしまうというものです。条件を変えれば宇宙が膨張するといった計算結果も出せるのですが、アインシュタインは宇宙の大きさが永遠に不変であると信じていました。そこで彼は一九一七年に一般相対性理論の数式を少しいじって、重力に対抗して宇宙を一定の大きさに保つ「宇宙項」を付け加えました。

しかし、アインシュタインや彼以前のニュートンら多くの学者の予想に反して、宇宙は変化していました。ウィルソン山天文台の大望遠鏡で渦巻星雲が銀河であるという証拠を見つけていた（↓第五章　208ページ）エドウィン・ハッブルが、一九二九年に発表した論文の中で、遠くにある銀河ほど速いスピードで銀河系から遠ざかっていることを明らかにしたのです。

水玉模様の風船を膨らませたときのことを想像してみてください。風船が膨らむにつれ、隣り合った水玉同士の距離は徐々に遠くなっていきますが、元から遠くにある水玉同士では遠ざかるスピードも速くなるはずです。風船を宇宙空間、水玉を銀河に置き換えれば、膨張する宇宙の中でハッブルが観測したように銀河が遠ざかっていくことが分かります。ただし、風船の水玉模様と違って銀河自体は大きくなりません。

ハッブルの観測結果を受け、アインシュタインは間違いを認めて宇宙項を自分の数式から取り除きました。ところがこの宇宙項は、後に思わぬ形で復活することになります。

宇宙は「大爆発」で始まった

宇宙が常に膨張し続けているのだとすれば、過去の宇宙はもっと小さかったはずです。そして極限まで遡れば、宇宙の全ては一点に集まっていたことが予想されます。ハッブルが宇宙膨張の証拠を発見するよりも早い一九二七年には、ベルギーで司祭として働きながら物理学も研究していたジョルジュ・ルメートル（一八九四〜一九六六）が一般相対性理論に基づき、非常に小さな「原始的原子」から宇宙が誕生するシナリオを描いています。

ロシア生まれでソ連時代にアメリカへ亡命した物理学者ジョージ・ガモフ（一九〇四〜六八）も同じ考えをとりました。誕生時の小さな宇宙は高密度で高温の「火の玉」状態だったはずです。ガモフは、そうした環境の中で起こる反応によって現在の宇宙に存在する元素の比率が説明できるのではないかと考えました。

一方、イギリスの天文学者でSF作家としても知られるフレッド・ホイル（一九一五〜二〇〇一）は宇宙が定常だと主張し、ガモフと対立しました。彼は絶えず宇宙空間で物質が創生されることで見かけ上の膨張が発生している、という独自の見解を示しています。そんなホイルが一九四九年にイギリスの放送局BBCのラジオ番組でルメートルたちの理論を紹介したときに、揶揄《やゆ》するかのように呼んだ「ビッグバン（大爆発）」という名前が、皮肉にも理論の名称として定着しました。

ビッグバンが本当に起きたのであれば、宇宙が火の玉として光で満たされていたときの名残が観測できるはずだ、とガモフは考えました。そしてこの輝きの名残が、宇宙のあらゆる方向からやってくるマイクロ波、すなわち「宇宙背景放射」として検出できるだろうと予測しています。一九六四年、彼の予想どおりに宇宙背景放射が発見され、宇宙の起源を説明するビッグバン理論が観測によっても実証されたのでした。

宇宙の年齢、そしてその運命に迫る

ビッグバンが宇宙論の常識として定着して以来、宇宙物理学者たちの関心はビッグバンがどれくらい昔に起きたのか、そして膨張の「勢い」がどれくらいなのかという点に集まっていました。前者については、宇宙背景放射を分析することで「約一三七億年前」という計算結果が二〇〇三年に発表され、二〇一三年にはさらに精度を高めて「約一三八億年前」という値が発表されています。一方、後者の問いは宇宙の未来に関わるものです。宇宙には常に天体の重力という「ブレーキ」がかかっているので、膨張が遅ければいつかは宇宙が収縮に転じることが予想されます。果たして宇宙はどのような運命をたどるのでしょうか。

宇宙膨張の「勢い」を知るためには昔と現在の膨張速度を比較する必要がありますが、昔の宇宙を観測するのは理論上は簡単です。遠くにある銀河から地球へ届く光は、その分だけ長い時間をかけて移動しているので、その銀河の昔の姿を映し出していることになるからです。たとえば、私たちが一〇億光年離れたところにある銀河を観測しているときは、一〇億年前の宇宙にあった銀河の姿を観測していることになります。

宇宙の膨張速度が昔も今も一定であれば、銀河が遠ざかっていく速度は単純に距離と比例します。一方、膨張にブレーキがかかっているのであれば、ブレーキがかかる前の昔の方が広がるスピードが速かったことを意味します。その場合、遠くにある銀河は膨張速度が速かった分を加算してより大きな速度で私たちから遠ざかっているように見えることでしょう。

銀河までの距離はどのように調べればよいのでしょうか。ケフェイドを使う方法（↓第五章 205ページ）は、それなりに近くて個々の星が見えるような銀河にしか使えません。ここで活躍するのがIa型超新星（↓第四章 178ページ）です。超新星の光は一つの銀河に匹敵するほど明るいので、どれだけ離れていても観測できます。Ia型超新星の絶対的な明るさが一定であることを利用すれば、その超新星が出現した銀河までの距離をある程度正確に計算できるのです。

加速する宇宙の歴史

一九九八年から一九九九年にかけて、二つの国際的な天文学者のチームが相次いで、Ia型超新星が見つかった遠方銀河の距離と速度を調べた結果を発表しています。その結果はほとんどの研究者の予想を裏切るものでした。宇宙の膨張は徐々にブレーキがかかるどころか、逆に加速していることが判明したからです。どうしてこんなことが起きるのでしょうか。

今もって、膨張を加速させるメカニズムについて全ての物理学者を納得させる理論は登場していません。ただ確かに言えることは、宇宙空間には重力と逆に作用する力を生む「何か」が分布しているということです。これは見方によっては、アインシュタインが否定したあの「宇宙項」の復活とも言えますね。また、宇宙全体が何かで満たされているという発想は「エーテル」も思い起こさせます。ただし一般的には、正体不明のエネルギーということでダークマター（↓第五章 210ページ）にならって「ダークエネルギー」という言葉が使われています。

正体不明のダークマターやダークエネルギーなどというものが宇宙に普遍的に存在していると考えるのはとても奇妙に思えます。しかし宇宙の空間と時空を巡る思索の歴史は、人類の理解を超えた現象にとりあえずの「説明」を用意してから、理解が追いついたときにそれを書き換えるということの繰り返しであったのも確かです。その説明は神話であったり、天球であったりと、時代によって変化してきましたが、近年はその理解の進み方が加速しているのは間違いありません。私たちが満足のできる「宇宙の説明」の最終形にたどり着くときは来るのでしょうか。

終章

「天文学」と「歴史」

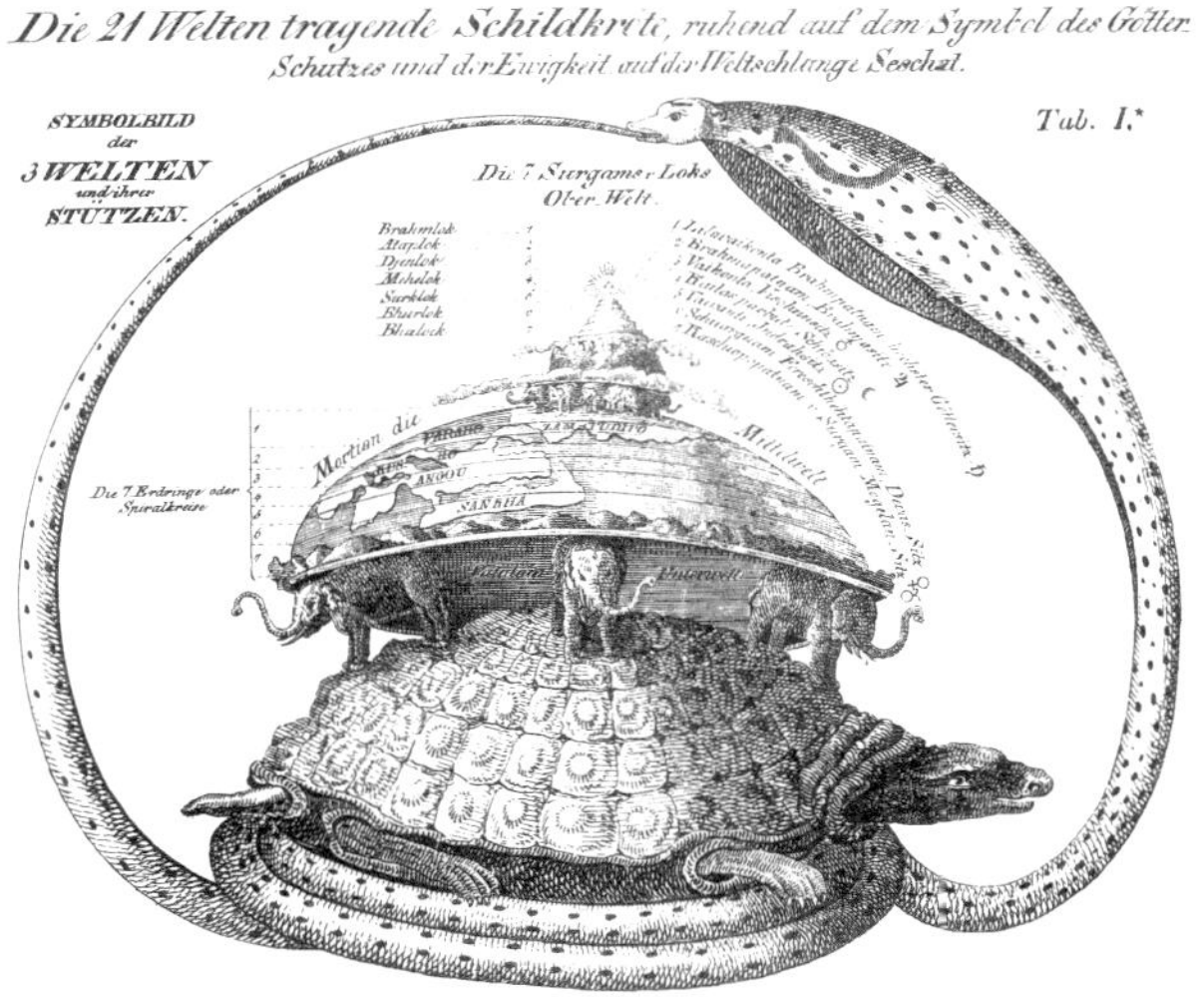

間違った「インドの宇宙観」

（→243ページ）

“Glauben, Wissen und Kunst der alten Hindus”（1822年、ドイツ）の挿絵。

歴史を振り返ることで天文学が始まる

「天文学」という学問は文明の黎明期《れいめい》から存在していましたが、その歴史を研究することは今に始まった試みではありません。過去を振り返ることは、むしろ天文学の一部だったとすら言えるでしょう。第一章で見たように、「年」などのような時間単位を精度よく定めようとするのであれば、太陽の位置などを記録して残し、その記録を後から振り返って計算しなければなりません。

古代メソポタミアでは数千年も残る粘土板の形で過去の天体観測を蓄積することができました。まるで「図書館」のように粘土板をまとめて収蔵していた施設があった形跡もあります。こうして、惑星の動きが数十年周期で繰り返していることを発見したり、地上の記録と照らし合わせることで占星術を作り出したりすることができたのです。プトレマイオスは『数学全書（アルマゲスト）』（↓第二章　88ページ）を書くにあたって粘土板を含む過去の観測記録を利用しました。その際、観測の日時を決定するためには当時の王の記録を調べるなどといった歴史研究のようなことまでやっています。

その『アルマゲスト』を再発見し、アラビア語訳して自分たちのものにしたイスラムの天文学者たちの仕事も、ある意味では歴史学の要素を含んでいると言えるかもしれません。そして彼らは、アラビアやペルシアにも独自の星座がある中で、プトレマイオスの四八星座（↓第三章　125ページ）をギリシアから来たものだという歴史を踏まえた上で使用したのでした。

歴史のとらえ方で変わる宇宙観

中国では彗星や新星などの観測記録（→第四章　158ページ）に加え、過去の理論、さらには天文学者たちの言行も歴史書に残されました。そのため、天文学に関する議論ではしばしば昔の考え方を引用することがあったのです。以下に述べる宇宙観に関する議論は、典型的な例かもしれません。

盤古などの神話（→第六章　218ページ）は別として、中国の天文学者が考案した宇宙観としては代表的なものが三つありました。特に古いのが、殷や周の時代から存在していたとされる「蓋天説《がいてんせつ》」で、天も地も平面だと考えます。もう少し時代が下ってから生まれ、後漢の張衡《ちょうこう》（七八～一三九）が主張して広めたのが、天は球形でそのうちの半分は大地や海の下を通っているという「渾天説《こんてんせつ》」です。三つ目が、後漢の郄萌《げきほう》（生没年不詳）が唱えたとされる「宣夜説《せんやせつ》」で、天は不定形で無限に広がっているとする考え方なのですが、他の二つほどは定着しませんでした。

歴史書には、蓋天説と渾天説を巡る天文学者たちの議論が何度か登場します。面白いことに、理論の優劣を決めるに際しては「観測と一致しているかどうか」よりも歴史的な価値観が重要な判断材料となることが多かったようです。はじめに聖人たちが世を治める黄金時代があったのに現代では堕落してしまっていると考える学者は蓋天説を、世の中はどんどん進歩しているのだと考える人々は新しい渾天説を支持しました。

インドを侵略した王とインドを愛した宮廷占星術師

以上は歴史が天文学の理論に反映された例ですが、それ以外の動機で天文の歴史を研究した人々もいます。これまでに見てきたように、天文学は人々の生活にも深く関わり、また伝統的な文化とも結びつきの強いものでした。そして、時代や地域によってそのあり方も異なっていたことがお分かりいただけたと思います。昔の天文学を知ることは、当時の人間について知ることにつながると言っても過言ではありません。これは現代的な価値観のように映るかもしれませんが、外国の文化を知るために天文学の歴史を学んだ学者は過去にもいました。

その一人が、宮廷占星術師としてアフガニスタンを本拠地とするガズナ朝の王マフムード（九七一〜一〇三〇）に仕えた学者アル＝ビールーニーでした。マフムードは初めて本格的にインドに侵攻したイスラム王朝の支配者であり、容赦なく寺院を破壊するなど異教徒に不寛容だった人物ですが、彼に帯同していたビールーニーの態度は違ったようです。ビールーニーは情報を得るために現地の知識人とつきあい、捕虜を尋問しているうちに、インドの文化に興味を惹かれて自ら学び始めました。

古典語であるサンスクリットを学び、知識人たちの信頼も獲得したことで、ビールーニーはインドを広く深く理解します。彼の碩学《せきがく》ぶりを示すエピソードとして、ヨーガの理論書をアラビア語訳して註釈までつけていることが挙げられるでしょう。一〇三〇年に書かれた『インド誌』は彼の研究の集大成で、ヒンドゥー教の教義やカーストなどの社会制度に日常生活、そしてそれらとも深く関わらせながらインドの宇宙観や天文学、さらには占星術について克明に書かれています。

残された歴史と破壊された歴史

『インド誌』には様々な天文学者や天文学書の名前とその詳細が載っています。その一部は、もはやインドに写本が残されていません。概してインドでは私たちが考えるような「歴史書」を残す風潮がなかったので、ビールーニーの記録は現代の天文学史家たちにとっても一級の史料となっています。

ビールーニーはギリシアの哲学や天文学にも造詣が深く、さらに西アジア各地の文化にも通じていて、一〇〇〇年に書いた『古代諸民族の年代学』では八つの民族の暦を紹介しています。その豊富な知識のおかげで、彼は様々な文化をその天文学的知識とともに相対的にとらえ、比較することができたのです。もちろん彼もイスラム教徒なので、多少は自分の宗教を贔屓《ひいき》しているところもあるのですが、一〇〇〇年前の学者としては驚くべき公平さだと言えるでしょう。

公平な視点で他文化の天文学やその歴史を見ようとするのは容易なことではありません。大航海時代以降に世界中へ展開した冒険者や宣教師たちはしばしばヨーロッパ中心主義やキリスト教絶対主義にとらわれており、それは現代に至るまで尾を引いているとも言われています。昔の宣教師などによる異国の天文学についての記述には「いかにヨーロッパの天文学よりも遅れているか」といった表現が目立ちます。このような態度では正確な記録を残すのは難しいでしょう。

中南米では現地人に対する強制的な改宗に加え、侵入者たちの破壊活動もあって、伝統的な暦の知識などの多くが廃れてしまいました。その損失は計り知れません。

植民地と天文学

偏見の問題は植民地時代に入っても深刻なままでした。宗主国から渡った研究者の中には、「先住民たちの天文学や宇宙観などの知識はヨーロッパよりも劣っていて価値が低い」という認識を隠さない人も少なくありませんでした。もっとも、公平にものを見ることの重要性を強調してそれを実践した学者がいたのも確かです。

カルカッタ（現在はコルカタ）で裁判官を務めるなど、東インド会社のためにインドで働いたイギリス人ヘンリー・トーマス・コールブルック（一七六五〜一八三七）もその一人で、ビールーニーのようにサンスクリットを学んで現地の学者から幅広い分野の知識を学びました。彼がインドの数学書を英訳したことで、欧米でもインド、ひいては非西洋の数学や天文学の歴史を研究しようとする人が増えています。

当時、ギリシアとインドの天文学の間には周転円（↓第二章　87ページ）や一二宮（↓第三章　120ページ）などのような類似点があることが明らかになり始めていました。多くのヨーロッパ人にとって、ギリシアは自分たちの文化の源泉だという意識が強いため、古代ギリシアが古代インドより劣っていたはずがない、つまりインド人はギリシアから天文学を学んだはずだ、という解釈が優勢でした。これに対してコールブルックは努めて客観的な分析を加えていて、ときにはギリシアがインドに影響された要素がある可能性すら否定していません。

厄介な「起源」の問題

現在では、史料から客観的に判断する限り、両者の共通点はギリシアからインドへの影響として説明するのが一般的です。しかし、そのことと二つの文化や天文学の優劣を論じることとは別問題でしょう。残念ながら二〇世紀に入ってもヨーロッパ中心史観でものを見る学者の声が大きく、インド天文学の歴史研究には、かなりのバイアスがかかっていました。

これに対して、インド人たちの中からは自分たちの視点から天文学と数学の歴史を見つめ直すべきだという声があがり、第二次世界大戦後の一九四七年にインドとパキスタンがイギリスから独立すると、ますますインド人たち自身による研究が盛んになりました。これ自体は歓迎すべき流れなのですが、植民地時代への反動が強すぎて「むしろインドに科学の起源がある」といった行きすぎた声も出てきているのが問題です。二一世紀に入ってからはナショナリズムを煽《あお》る政治家が力を強めており、彼らや彼女らの周りでは根拠に乏しいインド科学礼賛論が喧《けん》伝《でん》されていて多くの歴史学者を悩ませています。

天文学に限らず、科学の歴史というのは「どこに起源があるか」「誰が発展させたのか」「どちらが優れているか」という問いにつながりやすいものです。ここに政治的信条や国家・民族などのアイデンティティーを関わらせてしまうと、真実から目をそらすことになってしまうばかりか、自分たちを高めて他人を貶《おとし》めるための「武器」として利用されてしまう危険すら秘めています。ここまではインドを例にしましたが、他の国や地域についても同様であることは言うまでもありません。

実在しなかった「インドの宇宙観」

インド天文学に関しては、私たち日本人が誤解していることも多い点に触れる必要があります。

皆さんは「古代インドの宇宙観」として「丸い大地が象に支えられ、それが亀に支えられ、それがさらに蛇に支えられている」というイメージ（↓235ページ）を見聞きしたことはないでしょうか。この図は「科学が発達する前の古い宇宙観」の例として学校の教材に登場することさえあります。しかしながら、インドの文献にこのような宇宙観の描写は存在しません。

そもそもインドの天文学者はみな地球が丸いことを知っており、中には地球が自転していると考えた者すらいたのは、第一章で説明したとおりです。ヒンドゥー教の見解では大地は平らだということとは第六章で触れましたが、その大地が何に支えられているかについてはテキストによって描写がまちまちです。四頭あるいは八頭の象が支えているとする文献もあれば、一匹の大蛇が支えているとする文献もありますし、そもそも全く動物が登場しない文献も存在します。亀が大地を恒常的に支えているという記述はどこにも見当たらないのですが、ある目的で海に投じられていた須弥山を亀に化けた神が沈まないように支えた、というエピソードを含む神話はあります。

以上のような複数の伝承が混同されて一つの宇宙観にまとめられてしまったのではないか、というのが私の仮説です。一五九九年にインドへ渡ったイエズス会の宣教師は書簡の中で「ある者たちは大地が七頭の象に支えられ、その象は亀の上に立ち、その亀が何に支えられてるかは知らない」という言葉を残しています。少し時代が下り、イギリスの哲学者ジョン・ロック（一六三二〜一七〇四）が一六八九年に発表した『人間知性論』にも「大地を支える象」と「象を支える亀」の話が登場するので、この「インドの宇宙観」がヨーロッパで広まりつつあったことがうかがえます。

いつの間にかこれに蛇が加わり、一八二二年にドイツで書かれた本に初めて私たちが知る絵が登場します。これが二〇世紀に日本に伝わって広く普及し、現在に至ったようです。興味深いことに、現在ではこの「象・亀・蛇の宇宙観」が広く知られているのは日本くらいのもので、他の国ではそこまで知名度がありません。やはり学校や科学館などの教育現場で定着している影響が大きいのでしょうか。

「天文学の歴史」を疑うことこそ理解への第一歩

このような「古代インドの宇宙観」が問題なのは、ただ単に間違っているからではありません。ヒンドゥー教の中でも複数の世界観がありましたし、仏教などの他の宗教では違うとらえ方をしていた上に、広いインド亜大陸の中では地域による違い、それから時代による違いもあったはずなのに、「インドの宇宙観」とくくってしまうことで私たちは多様性を無視してしまっています。そしてこの間違いが形成される過程では偏見が関わっており、現代における使われ方にもそれが残っているのは深刻なことです。

さらに、「天文学の歴史」という文脈でこの図を出すことは、暗に「昔のインドの天文学者はこう信じていた」と言っているのも同然ではないでしょうか。しかし、第六章でお話ししたように、古代では「天文学」と「宇宙観」は必ずしもつながっていません。「インドの宇宙観」に限らず、ウィキペディアなどのような目立つところに誤った天文学史の情報が掲載されている例は数多く見られます。だからと言って専門家が絶対に正しいとは限らないことは、それこそ歴史が証明していますし、本書自体にも誤解や偏見が紛れ込んでいる可能性は否定できません。できることであれば、本書の内容を鵜呑《うの》みにして満足なさらずに、間違いの可能性を疑ったり研究がさらに進む可能性を信じたりしてみてください。そうした態度こそが、過去や現在の天文学、ひいてはその背景にある様々な文化を深く知ろうとすることにつながると、私は思うのです。

火星人のように異質な日本人？

さて、日本の天文学が海外からどう見られていたかというのも気になるところです。ただ、ヨーロッパが本格的に海外進出を始めた時代は日本が鎖国政策をとっていた時期でもあるため、インドや中国と比べると日本に関する記述はあまり多くありません。開国および明治維新の後は、太陽暦への強引な改暦（↓第一章　41ページ）にも象徴されるように日本の天文学が急速に西洋化しており、伝統的な天文学への関心はさほど高くありません。

火星人騒動でおなじみのパーシヴァル・ローウェル（↓第二章　104ページ）は日本を五回も訪れた知日家でもありました。しかし、彼は昔ながらの欧米中心的価値観に凝り固まっていたこともあって、西洋教育を受ける前の日本人は科学とは無縁でむしろ芸術家である、というような評価を下しています。

天文学を修めていたローウェルですが、四季折々の自然や月を愛でる日本文化の背景に暦の知識があったということまでは思いが至らなかったのかもしれません。むしろ日本人のことを火星人のように異質な存在として観察していた節すらあります。

一つの世界と多様な歴史

一九一九年に日本を含む世界各国の天文学者によって国際天文学連合（IAU）が結成されました。それ以来、八八星座の定義（↓第三章　142ページ）や惑星の定義の決定（↓第二章　109ページ）に代表される様々な取り決めがIAUによってなされています。かつてもイスラム文化圏やヨーロッパ大陸などの中で天文学者たちが国境を越えて協力し合うことはありましたが、ここに至っていよいよ天文学は地球上のあらゆる人々が一緒になって取り組む学問になったと言えるでしょう。この傾向はインターネットの普及とともにますます加速しています。

今や、一つの国や地域の中に閉じこもって天文学を行うのはほとんど不可能です。日本の国立天文台が誇る最大の可視光望遠鏡である「すばる望遠鏡」もハワイ島のマウナケア山山頂にあり、世界中の天文学者が利用しています。国立天文台が関わるもう一つの巨大望遠鏡は複数の巨大アンテナを使って電波を観測する「アルマ望遠鏡」で、こちらは南米チリの高地にあって日本を含む二二の国と地域によって運営されています。彗星や遠くの銀河の超新星などといった新天体の発見情報は即座に世界中で共有されて追加観測が実施されます。宇宙開発は最初こそソ連とアメリカの二大国による競争で始まりましたが、今ではアメリカ人宇宙飛行士もロシアのロケットで国際宇宙ステーションへ行く時代になりました。

それぞれのプロジェクトに関わる人々には異なるルーツがあるように、彼らや彼女らが取り組んでいる天文学にも地域や時代によって異なる歴史があったのです。未来へ向けて一丸となって進むには、そうした過去の多様性を理解し合うことも大切になることでしょう。

謝辞

歴史研究に携わる者として、私には客観的で偏りのない物の見方が求められますが、一人の天文愛好家としてはあらゆる歴史上の天文学者及び天文に関わった人々に対して敬意を表せずにはいられません。また、終章でも触れたとおり、歴史学自体が数多くの先人による仕事の上に成り立っているものです。改めてそのありがたみをかみしめております。

京都産業大学名誉教授の矢野道雄先生には世界史的視点からの天文学史の手ほどきをしていただき、本書執筆に当たっても原稿に目を通して貴重なご指摘をいただくなどまことにお世話になりました。またパリ第七大学のアガト・ケラー先生、カリーヌ・シェムラ先生と「古代における数理科学（ＳＡＷ）プロジェクト」の同僚たちのおかげで私の視野は大いに広がり、本書のように過去と現在、そしてあらゆる地域をつなぐ一冊を書き上げることができました。あらためて感謝いたします。そして私に本書を執筆する機会をくださり、全体の構成から細部に至るまで忌憚なくご意見いただいて一つの作品として完成させてくださった集英社インターナショナルの河井好見さんには心より御礼申し上げます。

２０１７年11月　廣瀬　匠

参考文献（著者五〇音およびアルファベット順）

・有賀暢迪『革命の出版――コペルニクスの地動説』http://ariga-kagakushi.info/story/copernicus.html、二〇一一（二〇一七年に閲覧）
・出雲晶子『星の文化史事典』白水社、二〇一二
・ウォーカー、クリストファー編、山本啓二・川和田晶子訳『望遠鏡以前の天文学――古代からケプラーまで』恒星社厚生閣、二〇〇八
・オールダー、ケン著、吉田三知世訳『万物の尺度を求めて―メートル法を定めた子午線大計測』早川書房、二〇〇六
・岡田芳朗『旧暦読本――現代に生きる「こよみ」の知恵』創元社、二〇〇六（二〇一五改訂）
・勝俣 隆「日本神話の星と宇宙観（一）」天文月報 第八八巻一一号四七二～四七七頁、一九九五
・金木利憲「『宇宙』の語源と語義の変遷――古代中国語と近代科学用語の接点」明治大学日本文学第三八巻一～一六頁、二〇一二
・ガリレイ、ガリレオ著、伊藤和行訳『星界の報告』講談社学術文庫、二〇一七
・近藤二郎『星の名前のはじまり―アラビアで生まれた星の名称と歴史』誠文堂新光社、二〇一二
・近藤二郎『わかってきた星座神話の起源――エジプト・ナイルの星座』誠文堂新光社、二〇一〇
・近藤二郎『わかってきた星座神話の起源――古代メソポタミアの星座』誠文堂新光社、二〇一〇

・国立天文台「よくある質問・五一八）惑星の定義とは？」https://www.nao.ac.jp/faq/a0508.html（二〇一七年に閲覧）
・国立天文台編『平成二九年　理科年表　第九〇冊』丸善出版、二〇一六
・小暮智一『現代天文学史：天体物理学の源流と開拓者たち』京都大学学術出版会、二〇一五
・定方　晟『インド宇宙論大全』春秋社、二〇一一
・セネカ著、茂手木元蔵訳『自然研究―自然現象と道徳生活』東海大学出版会、一九九三
・相馬　充「キトラ古墳天文図の観測年代と観測地の推定」国立天文台報　第一八巻一～一二頁、二〇一六
・タイソン、ニール　ドグラース著、吉田三知世訳『かくして冥王星は降格された―太陽系第九番惑星をめぐる大論争のすべて』早川書房、二〇〇九
・田村元秀『第二の地球を探せ！――「太陽系外惑星天文学」入門』光文社新書、二〇一四
・中川綾子「中国古代の日食――唐代までの日食に対する意識・対応の変化」お茶の水史学四一号六七～一一〇頁、一九九七
・中村　士・岡村定矩『宇宙観五〇〇〇年史―人類は宇宙をどうみてきたか』東京大学出版会、二〇一一
・中山　茂『日本の天文学―占い・暦・宇宙観』朝日文庫、二〇〇〇
・野尻抱影『日本の星―星の方言集』中公文庫、一九七六
・林　淳『天文方と陰陽道』山川出版社、二〇〇六
・ハリソン、エドワード著、長沢　工訳『夜空はなぜ暗い？―オルバースのパラドックスと宇宙論の変遷』地人書館、二〇〇四

・ホメロス著、松平千秋訳『オデュッセイア』(上・下)岩波文庫、一九九四
・ホメロス著、松平千秋訳『イリアス』(上・下)岩波文庫、一九九二
・ホルフォード＝ストレブンズ、リオフランク著、正宗 聡訳『暦と時間の歴史』丸善出版、二〇一三
・三村太郎『天文学の誕生―イスラーム文化の役割』岩波科学ライブラリー、二〇一〇
・宮沢賢治『銀河鉄道の夜』集英社文庫、一九九〇
・宮島一彦「日本の古星図と東アジアの天文学」人文學報 第八二号四五〜九九頁、一九九九
・矢野道雄編『インド天文学・数学集(科学の名著シリーズ一)』朝日出版社、一九八〇(改訂電子書籍版:二〇一四)
・矢野道雄『星占いの文化交流史』勁草書房、二〇〇四
・矢野道雄『密教占星術――宿曜道とインド占星術』東洋書院、一九八六(二〇一三増補改訂)
・矢野道雄・山本啓二訳「アブー・ライハーン・ムハンマド・イブン・アフマド・アル＝ビールーニー著『占星術教程の書』(一)」イスラーム世界研究第三巻二号三〇三〜三七一頁、二〇一〇
・藪内 清責任編集『中国の科学(中公バックス世界の名著一二)』、中央公論社、一九七九
・リヴィオ、マリオ著、千葉敏生訳『偉大なる失敗―天才科学者たちはどう間違えたか』早川書房、二〇一五
・ロック、ジョン著、大槻春彦訳『人間知性論』岩波書店、一九七四
・涌井 隆「パーシヴァル・ローウェルは日本人と火星人をどう見たか」国際シンポジウム「異文化としての日本」論集(名古屋大学大学院国際言語文化研究科)五三〜六二頁、二〇〇九
・ワトソン、フレッド著、長沢 工・永山淳子訳『望遠鏡四〇〇年物語――大望遠鏡に魅せられた男たち』地人書館、二〇〇九

・国立天文台天文シミュレーションプロジェクト「重力波源からの光のメッセージを読み解く ―重元素の誕生現場、中性子星合体―」http://www.cfca.nao.ac.jp/pr/20171016（二〇一八年に閲覧）
・和南城伸也「超新星爆発と中性子星合体 ― rプロセス元素の起源として」天文月報 第一〇七巻第一号 七～一八頁、二〇一四
・Charpentier, Jarl, “A Treatise on Hindu Cosmography from the Seventeenth Century”, Bulletin of the School of Oriental and African Studies 3 pp.317-342, 1924
・Grout, James, “Encyclopædia Romana” http://penelope.uchicago.edu/~grout/encyclopaedia_romana/ (accessed 2017)
・Harley, Timothy, “Moon Lore”, Swan Sonnenschein, Le Bas & Lowry, 1885
・Hirose, Sho, “Critical edition of the Goladīpikā (Illumination of the Sphere) by Parameśvara, with translation and commentaries”, Ph.D. thesis (Université Paris Diderot), 2017
・Hockey, Thomas et al. (ed.), “The Biographical Encyclopedia of Astronomers”, Springer New York, 2007
・Hunger, Hermann, and Pingree, David. “Astral Sciences in Mesopotamia”, Handbook of Oriental Studies, The Near and Middle East 44, Brill, 1999
・International Astronomical Union, “Final Results of NameExoWorlds Public Vote Released” (press release) https://www.IAU.org/news/pressreleases/detail/IAU1514/, 2015 (accessed 2017)
・International Astronomical Union, “IAU Formally Approves 227 Star Names” (press release), https://www.IAU.org/news/pressreleases/detail/IAU1603/, 2016 (accessed 2017)

・King, David A., "Too Many Cooks... A New Account of the Earliest Muslim Geodetic Measurements", Suhayl 1 pp.207–241, 2000
・Kunitzsch, Paul and Smart, Tim, "A Dictionary of Modern Star Names: A Short Guide to 254 Star Names And Their Derivations", Second Revised Edition, Sky Publishing, 2006
・Lindow, John, "Norse Mythology: A Guide to Gods, Heroes, Rituals, and Beliefs", Oxford University Press, 2001
・Locke, Richard Adams, "The moon hoax; or, A discovery that the moon has a vast population of human beings", W. Gowans, 1859
・Magli, Giulio, "Archaeoastronomy: Introduction to the Science of Stars and Stones", Springer International Publishing, 2016
・Miller, Mary Ellen and Taube, Karl, "An Illustrated Dictionary of the Gods and Symbols of Ancient Mexico and the Maya", Thames & Hudson, 1997
・Mooney, James, "Myths of the Cherokees", Government Printing Office, 1900
・Müller, Niklas, "Glauben, Wissen und Kunst der alten Hindus", F. Kupferberg, 1822
・Olson, Donald W. et al., "What Is a Blue Moon?", Sky & Telescope website http://www.skyandtelescope.com/observing/celestial-objects-to-watch/what-is-a-blue-moon/, 2006 (accessed 2017)
・Plofker, Kim, "Mathematics in India", Princeton University Press, 2009
・Rogers, John H., "Origins of the Ancient Constellations: I. The Mesopotamian Traditions." Journal of the

British Astronomical Association 108.1 pp.9-28, 1998
・Sachau, Edward C., "Alberuni's India", Kegan Paul, Trench, Trübner & co, 1910
・Saturno, William A. et al., "Ancient Maya Astronomical Tables from Xultun, Guatemala", Science 336 pp. 714-717, 2011
・Selin, Helaine (ed.), "Encyclopaedia of the History of Science, Technology, and Medicine in Non-Western Cultures", Springer, 2008
・SLUB Dresden, "The Dresden Maya-Codex", http://www.slub-dresden.de/en/collections/manuscripts/the-dresden-maya-codex/ (accessed 2017)
・Toomer, Gerald James, "Ptolemy's Almagest", Duckworth, 1984
・Van Helden, Albert, "The Galileo Project" http://galileo.rice.edu/, 1995 (accessed 2017)

その他、各種の辞書・辞典、研究発表、ウェブサイト、博物館や美術館などでの調査を参考にしました。

図版作製　タナカデザイン

廣瀬 匠《ひろせ しょう》
天文学史家。一九八一年生まれ。静岡県出身。東京大学教養学部広域科学科卒業後、(株)アストロアーツ勤務。その後天文学史の研究を志し、京都産業大学大学院修士課程修了後、京都大学大学院博士課程を経てパリ第7大学博士課程修了。専門は古代及び中世のインドにおける数理天文学の文献学的研究。スイス連邦工科大学チューリッヒ校研究員。星空案内人(星のソムリエ)。共著に『ときめく星空図鑑』(山と渓谷社)。

インターナショナル新書〇一七

天文《てんもん》の世界史《せかいし》

二〇一七年一二月一二日　第一刷発行
二〇一八年 三 月二〇日　第三刷発行

著者　廣瀬《ひろせ》 匠《しょう》
発行者　椛島良介
発行所　株式会社 集英社インターナショナル
〒一〇一-〇〇六四 東京都千代田区神田猿楽町一-五-一八
電話 〇三-五二一一-二六三〇
発売所　株式会社 集英社
〒一〇一-八〇五〇 東京都千代田区一ツ橋二-五-一〇
電話 〇三-三二三〇-六〇八〇(読者係)
〇三-三二三〇-六三九三(販売部)書店専用
装幀　アルビレオ
印刷所　大日本印刷株式会社
製本所　大日本印刷株式会社

ISBN978-4-7976-8017-1　C0244
定価はカバーに表示してあります。

インターナショナル新書

012
英語の品格
ロッシェル・カップ、大野和基

英語は決して大ざっぱな言語ではない！ ビジネスや日常生活を円滑にするには、繊細で丁寧な表現が必須。すぐに役立つ品格ある英語を伝授する。

013
都市と野生の思考
鷲田清一、山極寿一

哲学者とゴリラ学者の知の饗宴！ 京都市立芸大学長、京大総長でもある旧知のふたりがリーダーシップから老いまで、今日的テーマを熱く論じる。

014
アベノミクスによろしく
明石順平

アベノミクスを公式発表データを駆使して徹底検証。GDPの異常なかさ上げや、実質賃金の大幅な下落など、欺瞞と失敗が次々と明らかに。

015
戦争と農業
藤原辰史

トラクターが戦車に、毒ガスが農薬に――テクノロジーの発展は、飽食と飢餓が共存する不条理な世界を生んだ。この状況を変えるためにできることは何か。

016
深読み日本文学
島田雅彦

「色好みの伝統」「一葉の作品はフリーター小説」など、日本文学を独自の切り口で分析。作家ならではのオリジナリティあふれる解釈で、日本文学の深奥に誘う。